行動しながら考えよう

研究者の問題解決術

島岡要

羊土社
YODOSHA

まえがき

本書は、あなたが抱える「人生の問題」に今日けりをつけて、世界につながる「科学の問題」に明日から生き生きと立ち向かうための本です。

日々の研究生活で遭遇する悩みには大きく分けて2つの種類があります。「研究に関する悩み」と「生活に関する悩み」です。後者の悩みはときとして、「人生の悩み」へとふくれ上がることをあなたもよく知っているかと思います。研究の悩みは研究者の本領である科学的・論理的なアプローチで解決できると信じましょう。しかし残念ながら、そのアプローチが人生の悩みにも有効であると私は自信を持っては言えません。研究の問題を解決できる優秀な研究者でも、人生の問題は簡単には解決できないことが多いのです。

しかし、簡単に解決できないからといって人生の問題を放置すれば、不安にさいなまれて研究に落ち着いて取り組めないと感じるのは、私だけではないはずです。研究に集中するためには、人生の問題になんとか折り合いをつける必要があります。そこで本書では、かつての私のように人生の問題に足を絡め取られ、研究に集中できず悶々としている研究者や研究者の卵12人のさまざまな悩みをケーススタディーとして取り上げ、折り合いのつけ方を提示します。12のケーススタディーは、研究の現場で出会う人生の問題の典型例をカバーしていますので、あなたの問題に折り合いをつけるためのヒントもここで見つけられるでしょう。

ところで人生の問題を科学的・論理的アプローチで解決できないのは、その根底にある真実に対しての「個人の主観」にもとづく解釈や動機づけが問題をこじらせる原因の根底にあるからです。真実は1つですが、その真実をどう解釈するかの違いが、人生の問題をおこします。しかし、この人生の問題には対処方法もあります。

真実を変えることはできませんが、あなたの「真実の解釈」を変化させることで、人生の問題に折り合いをつけることは可能です。序章として紹介するケーススタディーに続く7つの章では、そのための重要な考え方を、私が実際に体験した人生問題の実例を交えて、レクチャーのようにお話しします。

自信がなくともまず行動してみる

私たちの多くは「自分がすべきことをよく理解してから行動せよ」という行動指針を幼い頃から教えられてきました。この行動指針をもし実践できるなら、きっと失敗は少ないでしょう。しかしこの行動指針の最大の問題は、自分がすべきことが分からなければ、行動できないということです。今、私たちの多くが、はっきりした行動指針を持ちにくい世の中を生きていると感じています。ここで少し奇異に聞こえるかもしれませんが、すべきことのきっかけが分からないのは、行動していないからなのです。「分からない」→「行動できない」→「行動のきっかけをつかめない」→「ますます行動できない」という負のスパイラルに足を絡め取られ、いつまで経っても行動できないという大きなリスクが潜んでいるのです。

やる気がなかなか出ないときに、やる気が出るまでじっと待つのは得策ではありません。そんなことをしていれば、あなたは永遠に行動できないでしょう。逆に何かの小さなきっかけでやりはじめると、予期せずやる気が出てくるものです。動機（やる気）と行動（やる）とは、「動機→行動」という単純に原因と結果という一方向の関係では語れません。現実には、まず少しだけ行動すればどんな結果を招こうと、動機へのフィードバックが生じるので、「動機↕行動」という双方向の関係性が生まれます。そこで行動から動機へのフィードバックを意識的にうまく使い、やる気を出して新しいことに挑戦するコツを本書ではお話しします。

そのために「やりはじめれば、やる気がでる」を戦略的に実践するのが「行動しながら考えよう（TWA: Thinking While Acting）」の精神です。

手探りではじめてもきっと乗り越えられる

不確実な今の時代は、先の先まで見通して一発逆転を狙うブレイクスルー（Breakthrough）指向の生き方は難しいです。立ち止まっていくら考えても誰も先の先までは見通せないから、行動指針を決めるための完全情報は見つからず、皆その場に立ちすくんでしまいます。誰も行動指針の正解を知らないのなら、まず自分の周りを手探りでかきまわしながら、不完全情報を集め短期的な行動のための仮説を立てて行動するマドルスルー（Muddle through）指向の生き方が良いでしょう。この生き方こそが「行動しながら考える」です。

研究でも人生でも起死回生の奇跡的に思える出来事とめぐりあわせるには、日々の手探りの地道な仮説検証（マドルスルー）の積み重ねが必要となります。大きな壁を乗り越える方法は、最初は分からないかもしれません。しかし心配することはありません。そもそも最後まで分からないものなのです。はっきり分からないまま試行錯誤して進んでいくうちに物事が大いに進展しはじめるときが訪れるのです。壁を乗り越えてはじめて後づけで乗り越える方法が分かるのです。答えはそもそも最後まで分からない、後づけではじめて分かるのが私たちが生きている世界なのですから、答えが今分からなくとも、行動しながら考えましょう。

２０１７年2月　島岡　要

行動しながら考えよう
研究者の問題解決術

目次

序章

悩める若手研究者とその卵たち12のケース

第1章

行動しながら考えよう
――Thinking While Acting

第2章

ネガティブな感情を活用しよう

——ネガティブな感情を避けるのではなく、自身の成功を導くものに転化させる方法

第3章

研究者は営業職。視点を切り替えよう

——研究室内の上司-部下の関係を良好にするための方法

第4章 研究室での自分の立ち位置を分析してみよう

――PI原理主義に染まって視野が狭くなった状態を脱却する方法

第5章

情報化社会だからこそ「暗記力」を強みにしよう

——暗記力と理解力を鍛えて知的生産性を上げる方法

第6章

新しいことをはじめてみよう
――進むべき道を探求し、自分で選んだことに自信を持つ方法

第7章

戦略的に楽観主義者になろう

――失敗に対する耐性をつけ、研究を好転させていく方法

序　章

悩める若手研究者とその卵たち12のケース

悩める若手研究者とその卵たち12のケース

自分の問題を解決しサッパリしてから、世界の問題に生き生きと取り組む

ここでは、進路や人間関係での悩みに足を絡め取られている人々の声をもとに、私が仮想的に描いた12人が登場するモデルケースを想定する。これから見ていくケーススタディーでは、足を絡め取る問題の本質を指摘して、クイックアンサーとオルタナティブアンサーという2つの視点から見た解決法を提案する。このケーススタディーで〝自分の問題〟の戦略的な解決法を学び、生き生きと仕事ができるようになれば、〝学問上の問題〟や〝社会の問題〟を解決する創造的で生産的な活動に貢献できるようになるはずだ。

ケース1 学部生Aさん（21歳・女性・地方私立大学・理学部）

志望する研究室への進学が決まりましたが、正直なところ、自分が将来研究者として仕事をしている姿が想像できません。そもそも、研究者にとっての何が「出世」でどうすれば「成功」なのかよく分かりません。Nature や Science などのトップジャーナルに論文を出すことが成功でしょうか？ 有名ラボに行くことが出世でしょうか？ 教授になることが最終目標なんでしょうか？ 研究者として出世して成功するために、いま私がするべきことを教えてください！

上手な自分探しのスキルを身につけよう

あえて世間の理想を肯定する

Aさんへのクイックアンサーは、「〝研究者の成功とは業績とアカデミアでの出世である〟というステレオタイプを受け入れ、目の前のプロジェクトに集中して取り組むべし」だ。

インパクトファクター（雑誌の影響度の指標）の高い雑誌に論文を発表して、アカデミックポストの階段を上り、教授や主任研究者などの独立したポジションに就くという、世間が認める研究者の成功の定義を受け入れていれば当面はそれほど苦労しない。世間が認める理想と、自分の信じる理想が一致している限りは進むべき道で悩むことは少ない。論文をたくさん書き、学会で認められ、人的ネットワークを形成して、着実に出世することを目指す競争に半分本気で、半分ゲーム感覚を忘れずに身を置けば、十分に充実した強く楽しい人生を当面は享受できる。

自分探しをこじらせるリスク

このままステレオタイプの成功を追い求めていて良いのだろうか、自分の本当にしたいことは何なのかと、誰でもいつかは壁にぶつかり、アイデンティティー・クライシス（自分らしさとは何かが分からなくなった状態）に陥る。ネットを通じて他人との比較が簡単にできる現代では、青く見える隣の芝がいたるところにあるので、自信を持って自分の道を歩むことは簡単ではない。自分より少しでも悲惨な状況の人たちの話を見つけては溜飲を下げるという慰めも一時的には効果があるかもしれないが、問題の解決にはならない。

アイデンティティー・クライシスをきっかけに、「自分探し」が止まらなくなる。今の自分は本当にしたいことをしていないので充実感はない。しかし本当に自分のしたいことが何かはよく分からないので不安である。研究者としての成功をめざしてひたすら努力してきたが、ふとした瞬間をきっかけにそれに疑問を持つようになる。自分は研究者として果たして成功できるのか、これからの人生を研究者としての成功をひたすらめざして進んでいっていいのだろうか。これが本当に自分に最適なキャリアなのかどうか分からない。新たな可能性を試してみたい気持ちもあるが、いまさら他の道に進むことはできない。

自分探しを上手くするスキル：変化ではなく制御を

これからは自分探しの〝パラダイムシフト〟がおきるだろう。今までは「自分探し」は未熟性の象徴であり、20代のうちに終わらせてしまうべき「はしか」のような存在であった。しかし「自分探し」必発の世の中では、「自分探し」は一生を通じて磨くべきスキルとなる。いかにうまく「自分探し」をするかが強いキャリアを構築するためには必須のスキルになる。自分探しのスキルが未熟だと、自分探しをこじらせてしまう。

自分探しを成功させるには、ここにはない自分をどこか別のところに探してもダメだ。自分はここにしかいない。自分探しをしている状態では、自己評価が低下し自己嫌悪に陥ることが多いので、自分を変えようとするが失敗に終わる。なぜなら洗脳など特別な場合を除けば、自助努力だけで人は根本的には変わることはできないからだ。自分はここにしかいない、そして変えることもできないのなら、「自分探し」をどのように遂行すれば良いのか。自分探しのスキルとは今ここにいる自分を制御することだ。変化ではなく制御をめざそう。

「自分」＝「目的」×「手段」

話をAさんに戻そう。Aさんのように悩むあなたには、「自分」が「目的」と「手段」という2つの変数で構成されているという極端な単純化をとりあえず受け入れてほしい。例えば今までの自分とは「研究者として〝成功する〟という目的」のために「より多くの業績を叩き出すという手段」を行使してきたと言えるかもしれない。しかし現在の自分に心が適応することができずに、心の統合性に限界を感じはじめたことから、自分探しがはじまる。正しい自分探しのスキルとは、「自分」つまり「目的」と「手段」を独立して系統的に制御することだ。

最初は目的はそのままにして、手段の最適化を試みる。さまざまな手段を試してみれば、そのうち〝とりあえず〟納得いく「自分」（＝「目的」×「手段」の組み合わせ）に行きつくことも多い。そこで「自分探し」はいったん終了する。しかし手段の最適化をやり尽くしても納得のいく「自分」に出会えなければ、今度は「目的」を前後左右にずらしてみて、

「自分」のさらなる最適化をはかる。

このように「自分」を体系的に制御して「自分探し」をするスキルを、経験を積むことを通して獲得することが、これからの流動性の高い社会で生きていくためには重要だ。しかし自分探しをこじらせてしまい、「自分」を制御できなくなると、「目的」と「手段」を一気に大きく変えてしまうので、仕事を辞めて世界を1年放浪したりして、回復に時間のかかる状態に陥ってしまう。

自分探しをこじらせて、世界一周の放浪をしなくても良いように、「自分を制御する訓練をして、スキルアップしよう」という提案がAさんへのオルタナティブアンサーだ。

ケース 2 大学院生Bさん（23歳・男性・都内国立大学・農学系）

教授がお気に入りのラボメンバーをひいきするんです。僕も同期のSも、ほぼ同じ時期に教授に論文の草稿を提出しました。教授からは「添削したら返すから」と言われたきり音沙汰なし。ちょうど研究費の申請シーズンだったので、忙しいのかなと思っていたら、何とSの論文が先週、投稿されたらしいんです！　僕の論文はまだ添削すらされていないのに！　正直、研究のレベルは僕の方が高いと思いますし、論文の英語だって自信があります。要は教授はSがお気に入りなんです。今度の国際学会も、僕じゃなくてSを連れて行くらしいじゃないですか。それに学位を取った後の留学先の話までしているらしいんですよ!?　僕は別にひいきされたいんじゃなくて、正当に評価されたいだけなんです。まったく、選ぶラボを間違えたなって思いますよ！

研究者は営業職として目の前の顧客の興味を考えよう

「セールスマン」の視野で世界を見る

大学院生Bさんへのクイックアンサーは「教授の行動原理を理解せよ。あなたは〝営業職〟なのだから、評価されたければ顧客第一で行動せよ」だ。Bさんは、自分は研究者（の卵）であり、営業職ではないと思うだろう。自分は研究職に就きたいのだ、対人関係はあまり得意でないので、そもそも営業職には就きたくないと思っているかもしれない。

しかしここで大きな価値観の転換が必要だ。クリントン米国大統領時代の副大統領アル・ゴア氏のスピーチライターで作家のダニエル・ピンク氏の著書「To Sell is Human: The Surprising Truth About Moving Others」(邦題:「人を動かす、新たな三原則」、講談社)によれば、社会人ならすべての人が広い意味で「セールスマン」だ。社会で働くとは多かれ少なかれ、他人に自分の活動の価値を承認してもらったり、評価してもらうことで生計を立てるという〝営み〟のことを指す。これはまぎれもないセールス活動(=営業活動)だ。社会生活を営むうえでの〝営業〟はすべての人に必須の活動であり、すべての社会人は営業職なのだ。これを「みんなセールスマン問題」と仮に名づける。すると驚くほど多くの研究者の悩みがこのセールスマン問題に関連していることが分かる。

あなたの顧客はだれか?

営業ではどんな商品(サービスやプロダクト)を、どの顧客に売るかを明確に理解することが大切だ。Bさんの商品は研究結果の集大成である論文原稿と、研究者としての自分の能力や将来性としての人材価値だ。そして現時点での第一の顧客である教授が、商品を高く評価をしてくれなければ、世の中(研究者コミュニティー=次の顧客)はなかなか商品の良さを認めてくれない。

あなたが営業職なら「顧客(=教授)が他の商品をえこひいきしている」と不平不満を

言うのは生産的でない。その手の愚痴は飲み屋だけにしておこう。顧客は気まぐれで、利己的なものだ。商品を売りたいと本気で思うならプロの営業職になるしかない。プロなら顧客の行動を解析し理解する努力をする。顧客心理とか、商品購入のインセンティブ（その顧客の内的欲求）を考える。顧客の個人的な嗜好や気まぐれを除外することはできないが、それでも顧客の行動には普遍化できるルールがあるので、そこを押さえよう。

顧客のインセンティブと営業努力

Bさんの顧客である教授のインセンティブは、たとえば研究室が製造する研究業績のインパクトを最大にすることだ。数多くの低インパクトファクターの業績よりも、厳選した少数の高インパクトファクターの論文を出版したいと考えるだろう。このインセンティブに従い、教授はリソースを最も有効に配分する。教授にとってのリソース配分優先順位のトップが論文を書く時間だとすれば、教授がSさんの論文にかかりきりなのは合理性があり、個人的なえこひいきではないことになる。Bさんの仕事がSさんの仕事よりインパクトが低いと認識されていると知れば、よりショックかもしれないが、次に取るべき行動はおのずと明らかになる。

自分の研究が同僚の仕事よりインパクトが低いと教授が低い優先順位をつけているのな

らしょうがないと素直に諦め、現状を受け入れる選択肢もある。しかし自分の仕事の相対的評価の低さに納得がいかないのであれば、みずからの仕事の素晴らしさを教授に訴える営業努力をすることになる。

プロジェクトをデザインした教授の方が研究の価値を遥かに良く分かっていることが多いので、学生には議論で歯が立たないかもしれないが、営業努力するスキルは経験なしには向上しないので、ダメ元でやってみよう。営業力は日に日に向上しその経験は将来的に必ず役に立つ。

もう1つ、重要な視点を加えておきたい。大学教授は、インセンティブで動く研究者である前に、ノブレス・オブリージュを持つ最高学府の教師としての資質を求められる。教師に必須の資質のトップにくるものは公平性（fairness）であると私は考える。公平性の点からすると、教授は論文を原則として提出された順にハンドリングしていかねばならない。しかし、現実には教授は公平性を意識しつつも、業績インパクトの優先順位や、提出締め切りなどいくつかの因子を総合的に考慮して、最終的な判断をする。

教授（＝顧客）の購買意思決定のプロセスを考えて、自分ができる営業努力を見出し実行することで、単に不平不満を垂れ流すだけのネガティブな姿勢から、積極的に動いて変えられる部分は変える努力をして、変えられない部分は受け入れる積極的かつ潔い姿勢へとおのれを律することができるはずだ。好むと好まざるとにかかわらず、すべての研究者は営業職だ。受け身で現状を嘆くだけの営業職なら、すぐに淘汰されてしまうだろう。

営業がイノベーションを生む瞬間

営業努力はときとしてイノベーションを生むことすらある。いや営業努力こそがイノベーションを生むために不可欠な力だ。一見凡庸な商品の新たな売り方が大きな価値と新たな市場を創出する反面、科学的には優れた技術も、売り方が悪ければ社会に価値を生み出すことができない。例えば、高血圧治療薬として当初開発されたバイアグラは、降圧剤としては副作用（意図しない勃起）のため大失敗であったが、営業努力がその副作用を売りにして、新たな市場（ＥＤ治療薬市場）を生み出した。

大して営業努力もせずに自分の商品が売れる幸運に恵まれた最適な環境で仕事ができることもたまにはある。しかし私の経験から言えば、人生の大部分は最適ではなく、非最適化環境における活動を余儀なくされる日々の連続だ。人生の大部分は逆境や試練を生きるようにできているらしい。そう感じない人は、よっぽど幸運なのか、よほど楽観的なのか、もしくはまだ本格的に自分で人生を切り拓いていないのかのいずれかだ。最適化されていない環境を呪い、不平不満を垂れ流すよりは、その逆境を自分を鍛えるチャンスだと考えよう。

Bさんへのオルタナティブアンサーは、「人は常に逆境により試されていると考えよう」だ。逆境を乗り越えることにより、問題解決力の経験値を上げていると思えば、逆境をもエンジョイできる余裕（＝ゲーム感覚）が生まれるはずだ。

ケース3 企業研究者Cさん（27歳・男性・食品メーカー）

今期の人事面接で、直属の上司から〝もっと論理的に提案をして欲しい〟と言われました。上司の方が、いつも感情的で論理の欠片もないのじゃないかと思いながら、次のプログレスレポートで自分なりに論理的な仮説と実験計画を立てて提案したんです。そしたら、〝机上の空論はいいから、もっと創造的なアイデアはないのか！〟とプロジェクトメンバー全員の前で叱咤されたんです。本当に頭にきましたね。論理的かつ創造的でいろなんて、人工知能でもない限り無理ですよ！

手段としての近い顧客と、目的としての遠い顧客を意識しよう

セールスマン問題：近くの顧客と遠くの顧客

Cさんへのクイックアンサーは、「あなたの問題も〝みんなセールスマン問題〟の1つのバリエーションととらえ、最も近い顧客は誰かをまず最初に考えよう」だ。「みんなセールスマン問題」的に考えれば、自分に最も近い顧客は、企業の場合は直属の上司や、決定権のある執行役員、アカデミアの場合には直属の研究指導者や教授、PI（研究室主宰者）の場合には論文や研究費申請書の査読者や評価者となる。

志の高いあなたはより遠くの顧客、例えば社会で問題を抱えている名前も知らない人たちの役に立てることをめざしているかもしれない。しかし、その名前も知らない遠い匿名の顧客に届けるためには、まず名前を知っている最も近い顧客を攻略せねばならない。顧客は必ずしも良心的に、こちらのことを考えて消費行動を取ってくれるわけではない。

顧客はインセンティブに反応して感情で動く。理性的な人格者に見える教授も例外ではない。正しいことや良いことをしても必ずしも顧客が良い顔をしないのは、顧客のインセンティブと合致していないからだ。

営業では誰が正しいかを論じても儲からない。顧客の利益を最大化するような、消費行

動のインセンティブに沿った振る舞いが正しいことになる。

近い顧客はゲートキーパーなので、まずここを攻略しないと究極的に目的とする遠い顧客にアクセスする機会が失われる。近い顧客への対応はあくまでも手段であり、遠い顧客への対応が本来の目的だ。しかし近い顧客（＝上司・教授ら）に過度に最適化した対応だけをしていると、本当の顧客である遠い顧客（＝社会で問題を抱えた人）が真に必要としているもの（＝真のインセンティブ）と逆のプロダクトやサービスを提供してしまう可能性もある。柔軟性や妥協にも限界があるのだ。手段と目的を混同しないために、これ以上は譲れない一線があって当然だ。

「安い」「早い」「良い」のうち2つを取れ

Cさんは「論理的かつ創造的でいろなんて、人工知能でもない限り無理ですよ！」と嘆いているが、複数の魅力を同時に達成することでプロダクトやサービスの商品価値は上がり、1つの魅力しか担保していないものと差別化が可能になるので、本当に達成不可能なのか再考してみる価値がある。

米国の黎明期のあるベンチャー企業では〝「安い」「早い」「良い」のうち2つを取れ〟

というモットーで成功してきた人たちがいる。「安さ（コスト）」「早さ（スピード）」「良さ（品質）」の3つはお互いに相反する傾向を持つ魅力だ。「安く」するためには「早さ」「良さ」を犠牲にするのが安直な方法だ。「早い」サービスは割高で、品質を犠牲にしがちであるし、高品質の商品は作成に多くのコストと時間がかかるのが普通だ。

もし「安さ」「早さ」「良さ」をすべて同時に実現しようとすれば、今度は儲けを度外視しなければならなくなる。そこでギリギリのラインとして「安さ」「早さ」「良さ」のうちどれか2つを取り、究極まで工夫することにより、2つの魅力と儲けとを両立させることに勝機を見出すことがベンチャーの戦略だ。1つの魅力だけを達成する商売は誰でもできるが、3つの魅力を達成すると商売にならない。そこでギリギリの勝負ラインが〝「安い」「早い」「良い」のうち2つを取れ〟なのだ。

Cさんの上司が要求する〝論理的かつ創造的〟とはともに「良い（品質）」の範疇に入る魅力なので、「安さ（コスト）」と「早さ（スピード）」をある程度犠牲にしても良いのであれば、比較的容易に達成可能なはずである。

よってCさんへのオルタナティブアンサーは、「論理的かつ創造的は達成可能な顧客からの要求だ。「Just Do It!」である。

ケース4 ポスドクDさん

（38歳・男性・地方国立大学・薬学系）

大学サークルの後輩で旧帝大のポスドクをやってるTが、大学を辞めてTの知人が数年前に起業したベンチャー企業で働くことにしたんですって。がんのバイオマーカーで特許をおさえていて、がんの診断や治療薬の開発をやるとか。業績もそこそこあって、もう数年間いまの職場で頑張っていればそのまま助教に上がれたかもしれないのに、本当もったいないですよね。大体、Tは奥さんも子どももいるんですよ。30台半ばでベンチャー企業に就職なんて、リスク高すぎですよね。でも先日サークルOBの飲み会でTに会ったら、あいつやたらとイキイキしていたんです。なんだか、人生楽しんでるなって。それに比べて自分は……なんて思っちゃいましたよ。僕ももっと楽観主義者だったら良かったのになぁって。

楽観的になるトレーニングをしよう

評価とは比較だ

ポスドクDさんへのクイックアンサーは「〝すべての不幸は他人と比べることからはじまる〟（＝隣の芝生は青く見える）を肝に銘じよ」だ。同期や年齢の近い他人と自分の現状とを比較すると、あいつはあんなに業績を出したり、あんなに出世しているのに、自分は全く結果を出せていない、まったく評価されていないという嫉妬と自己嫌悪が混じった惨憺たる気持ちになってしまう。

このような精神状態に陥らないようにするためには、他人と自分を比較しないことが一番なのだが、意志の力では比較する習慣を完全にやめることはできない。物の価値を絶対的な尺度で評価することは厳密にはきわめて難しくて、何か対象になるものと比べて相対尺度で評価をするのが普通だ。「最高です」という最上級で表現した評価は、暗に「今まで経験したなかで最高です」という相対評価だ。絶対評価では「素晴らしい」としか言えない。しかし、どれくらい素晴らしいのかと聞かれれば返答に困ってしまう。比較しないようにと工夫して、「気絶するほど素晴らしい」と答えても、暗に他の「気絶するほどでない素晴らしさ」との比較になってしまう。突き詰めれば現実的には相対評価するしかない。評価とは比較だ。

ではどうすれば他人と比較しても、嫉妬や自己嫌悪の気持ちが湧いてくるのを抑えることができるのだろうか。たとえば、うつ病の治療などに使われる認知行動療法的な考え方を使い、悪い思考習慣を〝矯正〟できるかもしれない。「あいつはあんなに業績を出したのに、それに比べ自分は業績を出せていない⇩情けない」というネガティブな思考のパターンを次のように矯正する。「あいつは素晴らしい業績を出した⇩おめでとう。それに比べ自分は業績を出せていない⇩彼を見習って（これを刺激にして）自分も頑張ろう」。

このように他人との比較からはじまっても、嫉妬の代わりに賞賛の気持ちを、自己嫌悪の代わりに自己鍛錬の意識を持つように、ポジティブな思考の習慣がつくように訓練してみる。もちろん最初は本気ではないかもしれないが、形から入ればそのうち、その思考パターンを体に覚えこませることができるはずだ。

戦略的に楽観主義を習慣化する

Dさんは「もっと楽観主義者だったら良かったのになぁ」と後悔している。楽観的であることは人生を幸福に生きることと強い相関があるが、楽観的であるかどうかの気質はある程度は遺伝的に決まっているようだ。幸福度の高い国では遺伝的に楽観主義者が多い反面、日本のようにあまり幸福度が高くない国では、遺伝的なバックグラウンド頼みで自然に楽天的になることは難しいだろう。楽天性とは、意志の力で良い方向に物事を考える習慣を身につけることで、後天的に育まれる部分もずいぶんある。少し別の言い方をすれば戦略的に楽観的に考える習慣をつけることができるということだ。

未来は不確定で良いも悪いも原理的に無限の可能性や選択肢があるので、キャリアの選択では考えれば考えるほど、ポジティブな結果だけでなく、ネガティブな結果や問題も思いついてしまう。人はネガティブな可能性やリスクを過大評価して思考がそちらに引きずられる傾向がある。ゼロリスク信仰に見られるように、少しでもリスクのある選択肢は許容できないとする風潮もある。しかしリスクを取らないことによるリスクをも考慮すれば、リスクの少しでもある選択肢をいっさい取らないという振る舞いは、実はかなりリスキーな選択を結果的にしていることになる。

「生まれつき楽観的な日本人はいない。戦略的に楽観的に考える習慣をつけよう。キャリア選択では〝リスクを取らないこと〟がリスクである」がDさんへのオルタナティブアンサーだ。

ケース5 助教Eさん (36歳・男性・地方国立大学・工学系)

会社勤めの大学同期との同窓会で「来年には留学するつもり」とうそぶいたものの、行動に移せない自分がいます。そもそも、留学なんてそんな簡単にできるものじゃないですよね……コネなし、金なし、業績なし、何ひとつ頼りになるものがありません。コネや、お金か、業績の1つでもあれば、何も迷うことなく留学にアプライするんですけど、こういう人、多いと思いますよ。まぁ自分の場合、唯一幸いなのは、彼女もいないのでたとえ露頭に迷っても自分だけの問題ということでしょうか。ハハハ、自虐的ですかね。

Planning is everything

プランニングしよう

助教Eさんへのクイックアンサーは「留学に興味があるのなら、今すぐまずアプライしなさい」だ。私が好きな言葉にドワイト・D・アイゼンハワー氏の「Plans are nothing; planning is everything」がある。結果的に留学できるかどうかは重要ではない。また留学するための現実的なプラン（＝plans）があるかどうかさえも重要ではない。留学することをめざしていろいろ真剣に考え、問題点を解決しようとし、実現可能なプランを立てるプロセス（＝planning）こそが真に重要なのだ。

留学することの是非や、留学中の経験の質〔業績が出たかどうか、英語が上達したかどうか、プロモーション（出世）できたかどうか〕などがよく議論される。しかし私は留学のためのプラニングというプロセスが人間的成長に与えるポジティブな効果が過少評価されていると感じている。留学できる人もできない人も結果的にはいる。世間的には成功した留学も失敗した留学も結果的にはある。しかしいずれの場合にも、すべての人が留学するためのプラニングというプロセスから、人生に必要な貴重な体験をすることができる。

留学プラニングは海外の言葉もろくに通じず文化も違う見知らぬ地で、長期間仕事や勉強をするために手探りで挑戦するための準備プロセスだ。そう考えれば留学プラニングは、つい怖気づきがちな「未知のものに挑戦するためのプラニング」の雛形と一般化して考えることができる。留学プラニングの経験をすれば、人生で出会う挑戦の機会を、怖気づいてみすみす逃してしまうような損失を避けることにきっと役立つだろう。

ベストでなくとも戦って経験値を上げる

Eさんは「コネや、お金か、業績の1つでもあれば、何も迷うことなく留学にアプライするんですけど」と言うが、ベストな（＝最適化された）コンディションで挑戦できる機会は人生でほとんどない。人生の99％は最適でないコンディションでの戦いだ。最適でないコンディションでもまず戦ってみれば、負けるかもしれないがそこからのフィードバックで、勝つために何が必要なのかなど成功への道筋も少しずつ見えてくる。

ポジションを得るために何が足りないかを決めるのはあなたではなく、相手方つまり人材市場原理が決めるのだ。必ずしもパーフェクトでない人材（＝コネや、お金、業績のない候補者）でも、市場原理により需要と供給が見合うところで買い手が見つかるものだ。捨てる神あれば、拾う神もある。市場では人材の価値は相対的に決まるのだ。

よってEさんへのオルタナティブアンサーは「あなたは〝コネ、お金、業績もないハンディキャップ〟を背負っていると思い込んでいるが、それが致命的なハンディキャップかどうかはあなたではなく市場が決める。まず市場に出て自分の人材としての価値を確かめよう。うまく買い手がつく場合もある」だ。

ケース6

若手PIのFさん

（42歳・男性・都内私立大学・理工学系）

40歳にして小さいながら自分のラボをもち、大学では理工学部の学生を対象にした講義を担当しています。親に高い学費を払ってもらいながら遊び呆けてる学生ばかりで、講義では「このままだと社会に出たら苦労するぞ」なんて言うんですが、笑っちゃいますよね。一度だって企業で勤めたことのない自分が〝社会に出たら〟だなんて。学生からは「先生、MRとコンサルで悩んでるんですけど、どっちがいいですか？」とか就職相談されちゃったり。おれに聞くなよ！　研究者は社会人じゃないんだから。そうでしょう？

〝社会人vs研究者〟という二項対立を超えてみよう

コンプレックスを強みにする逆転の発想

Fさんへのクイックアンサーは「平凡な〝社会人〟でないということをコンプレックスではなく、むしろ強みにする戦略を取ろう」だ。〝研究者は社会人でない〟という文脈で使われる〝普通の社会人〟とは、企業で働くビジネスパーソンを世間ではそもそも想定している。スーツにネクタイと革靴で出勤し、自分個人の興味よりも会社の利益を優先する行動規範を要求される人を〝普通の社会人〟と世間ではよぶ。

翻って大抵の〝研究者〟は実験や解析活動がしやすいカジュアルな服装、スニーカーとノーネクタイで出勤し、広い意味で自分の興味に従い探求するアカデミック・フリーダムという行動規範を許された人であるので、明らかに〝社会人〟の範疇には入らない。

〝社会人〟と〝研究者〟という単純化された二項対立を恣意的に使用すると、〝研究者〟をおとしめることも持ち上げることも、また逆に〝社会人〟をおとしめることも持ち上げることも可能だ。本来は〝社会人〟と〝研究者〟とは職業が違うだけで、どちらが優れているとか、どちらが良いとかいう優劣の価値とは別なはず。〝社会人〟と〝研究者〟とは対立せずに、世の中に付加価値をもたらすイノベーションを生み出すためには、お互いに尊重して行動すべきだ。事実、私の周りの多くの社会人と研究者はそのような意識を持っている。ほんのわずかな人たちが自分のルサンチマン（恨みの念）を晴らすために、ネットの匿名掲示板などで研究者をおとしめるような言説を発信しているだけだ。

Fさんは「自分は〝社会人〟でない」というコンプレックスをそもそも感じる必要はないのだ。コンプレックスは脳内の問題なので、脳内の問題を解決するには社会を変える必要はなく、自分が変わりさえすればよい。しかし自分を変えるのが最も厄介だったりする。

コンプレックスの正体と冷静に向きあう

そこで、研究者が持つ「自分は〝社会人〟でない」というコンプレックスの中身について詳しく考え、解決策を考えてみる。「〝社会人〟でない」というコンプレックスには、①企業で働いた社会経験がないので、自分は社会で生きていくスキルに欠けるのではないか、②一般常識に欠ける専門バカではないか、③給料が低く、身分が不安定で経済的に恵まれていないのではないかなどがある。

①企業で働いた社会経験がないというコンプレックス

企業で働いた経験がアカデミア研究者の実力や価値を上げるかどうかは定かではないが、そのような経験がないということがコンプレックスの源泉であるのなら、とりあえず経験してみるのが解決策だろう。必ずしも転職までする必要はなく、企業との共同研究などを通じて〝社会人〟の生活を垣間見てみるのが良い。また自分の研究をもとにベンチャー企業の立ち上げを画策する機会があれば、もう少し深く〝社会人〟の生活を知ることができるだろう。これは禊（みそぎ）なので、とにかく一度経験すれば、あとは気にならなくなる。

私はボストンでベンチャーの立ち上げにかかわったことがある。数ヶ月の間Highland Capital Partnersというボストンのベンチャーキャピタルで起業家インターンシップをして、ビジネススクールを卒業したコンサルタントとビジネスプランを作り、資金集めをやるという貴重な〝社会人〟経験をした。そこで〝社会人〟には羨ましい面も、残念な面も当然ながら両方あるが、自分には向いていない、肌に合わないと直感的に感じた。強みを発揮できる環境ではないと確信できたので、その後は安心してアカデミアでの〝研究者〟に専念することができた。

②一般常識に欠ける専門バカというコンプレックス

研究者は専門性を極めたエキスパートなので、ある狭いニッチ分野で非常に深い造詣を持つのが当たり前だ。幅広い知識を持つことが研究者の強みではなく、1つの分野を深く探究することにより、そこから一般化できる重要な知見を得るのが強みだ。一芸に秀でたるはすべてに通ずをめざすべきで、深く深く掘っていく過程を通して、結果的に俯瞰できる視点を得ることには専門領域外でも通用する価値がある。真のエキスパートとは、自分がすべてのことを知っているわけではないことを知っている。さらに自分の知らないことに関しては、誰に相談すれば良いかを知っている人である。

研究者が専門バカと揶揄されることを恐れることの裏返しとして、〝社会人〟の多くは何でも屋であり専門性を持たないことに逆にコンプレックスを持っている。企業内で複数の部署を定期的にまわって広く薄く経験し、ジェネラリスト（＝ほぼ何でも屋）を育成するエリート社員教育がよく行われている。

企業という枠を超えて通用する汎用性のあるスキルを幅広く身につけたジェネラリストであれば人材価値が非常に高いのだが、企業内だけでしか通用しないガラパゴス化したジェネラリストであればとても残念である。研究者なら、むしろ専門性が深まる知や経験の深化の過程を楽しみ、誇りに思おう。

③給料が低く、身分が不安定で経済的に恵まれていないというコンプレックス

アカデミア研究者の常勤枠は社会人の常勤枠と比べて数が少ないのは事実だろう。日本では雇用の流動性が低いので、〝社会人枠〟と〝研究者枠〟との間での異動も簡単ではなく、アカデミア研究者の常勤枠のポジション争いは熾烈になる。これ自体重要な社会問題なのだが、ＰＩのＦさんはこの競争を運良く勝ち抜きつつある人である。ＰＩとして自分のラボを主宰できる人は実力と運の双方に恵まれた少数のエリートだ。ある意味（文字通

りある意味だけにおいて）平凡な〝社会人〟とは対極にある厳選された少数派なのだ。

本来なら優越感という安心を感じるはずの厳選されたエリートであっても、少数派（マイノリティー）であるということは、常に孤独感という不安にさいなまれる。これは多数派（マジョリティー）が他人と同じであるという安心感を享受できると同時に、他人と同じなら自分の存在意義は何かという交換可能性への不安にさいなまれることとのトレードオフだ。同じ状況が安心も不安も同時に引き起こしうるので、マイノリティーであっても、マジョリティーであっても別の悩みがあるのだ。

よってFさんへのオルタナティブアンサーは「独立した研究者であるＰＩとして心折れずにやっていくためには、孤独に耐える心のレジリエンス（抵抗力）をはぐくもう。そうすれば〝社会人〟でないコンプレックスは自然に治る」だ。

ケース7

学部生Gさん

（22歳・女性・都内私立大学・理学部）

学部4年生で、大学院には進学せず就職しようと考えています。現在、大学院生のUさんに卒論指導をしてもらっています。Uさんはいつも指示が適当で、そのくせ私が実験に失敗をすると、「注意が足りない、なぜ言われたとおりにできないのか」と罵倒するんです。指示の内容に疑問があっても、怒られるのが怖くて自分の意見を素直に伝えられません。どうすればよいでしょうか？

〝反面上司〟への感情をポジティブに転化させよう

どんな上司からでも教訓を学べる

Gさんは厳密には研究者の卵ではないが、研究室という閉鎖空間で生じがちな悩みの解決方法を探している。そんなGさんへのクイックアンサーは「バカ上司、特にバカ中間管理職との付き合い方を学んでいると考えよう」だ。企業では役員付き秘書でもない限り、直属の上司は中間管理職だ。アカデミアでも欧米のラボは1人のPIのもとにすべてのラボメンバーが平等に配置されたフラットな構造が多いが、日本の場合は教授を頂点としたピラミッド型のヒエラルキーをとるので、学生の日々の指導をする上司は中間管理職である助教やシニア院生、ポスドクの場合が多い。

中間管理職にあたる直属上司との人間関係の問題を抱えたときの現実的な解決策は、その組織のトップつまり「その上司の上司」に相談することだ。これで解決しないのであれば、外部の信頼できるシニアメンバーに相談しながら、研究室の移動も視野に入れて行動をおこすことが必要になる。

〝学ぶ気持ちがあればすべての人が教師である〟という格言を、小学校の道徳の時間に教わった記憶がある。すべての人は教師たりうるが、教師には行動規範の鏡たるロールモデルとしての教師と、他人の振り見て我が振り直せというアンチロールモデルとして機能する反面教師がいる。反面教師に出会ってしまうのも人生の幸運、何もないよりはある方が振り返ったときには良く思えるととらえよう。

Gさんへのオルタナティブアンサーは「問題ある中間管理職上司は典型的な反面教師として機能する」だ。自分が中間管理職になったときにこのような振る舞いだけはしないようにしたい、この人のようにはなりたくないという強い目的意識（ネガティブではあるが）を生み出すことは創造的であるとさえ言うことができる。問題人物は反面教師として、人を育てる場合もあると言うことを思い出し、ネガティブな感情と経験を少しでもポジティブに転化させよう。

ケース8

医学生Hさん

（25歳・男性・都内私立大学・医学部）

ロビン・ウィリアムズ主演の映画「パッチ・アダムス」を見て医師に憧れ、5年の猛勉強の末、都内の私大医学部に合格しました。仲間と切磋琢磨しながら医師を目指す、そんな映画のような大学生活を夢見ていたのですが……授業に出れば、みんなスマホをいじったり講義室の後ろの方でおしゃべりしたり居眠りしたり、飲み会があれば下戸のやつに無理やり呑ませて笑っていたり。こんなガキたちとつるむのに、苦痛を感じている毎日です。でも、そいつらとつるまないと過去問をもらえなくなるし、陰で何か言われるんじゃないかって思って、仕方なく一緒にバカ騒ぎをしている自分がいます。僕はこのままで良いんでしょうか？

孤独を認めつつ、組織の生産性にも目を向けよう

「エリート問題」と「中二病問題」

「まわりがバカに見えて、なじめない」という問題の本質は次の2つのどちらかだ。

第一の可能性はケース6で説明した「エリート(厳選された少数派)はいつも孤独」問題だ。この場合、Hさんへのクイックアンサーは「今は無理して群れる必要はない。将来大物になる人間はいつも孤独。志の高い人間はいつも孤独に試されるのだから」になる。

第二の可能性はいわゆる中二病問題だ。中学2年生ぐらいの思春期にありがちな自意識過剰により、まわりとのコミュニケーションに支障をきたす状況をさす。思春期が一過性であるように中二病も一過性だ。大学生になっても思春期が終焉しておらず、中二病を引きずっている学生は昔からたまにいるので必ずしも驚くべきことではない。もし中二病が問題なら、Hさんへのクイックアンサーは「いろいろな人と付き合い、いろいろな経験(失敗や失恋)をして、中二病から卒業し大人になれ」になる。

多様性と包摂性の両立を

日本の大学入試制度は偏差値で選抜されるので、同じような知的レベルの人が集まる傾向があるが、それでもどの集団にも正規分布の右端に少数の著しく知的レベルが高く、志の高い学生が存在する。少数派の優秀で志の高い学生は優越感と同時に孤独感を感じる。知的レベルの高い人は自分と同じような人間と一緒にいるときが最も落ち着く。知的レベルの高い人は、同じように知的レベルの高い人と話すときが、コミュニケーションが円滑に進むことに加え、同じようにエリートとしての孤独にさいなまれ悩んだ経験を暗に共有できるので、共感を得やすく居心地が良いのだ。

研究者コミュニティーでも同じことが言える。学会の懇親会での立食パーティでは学生は学生同士、ポスドクはポスドク同士、助教は助教同士、ＰＩや教授は彼らだけで打ち解け合って話をすることが多い。年齢が近いということもあるかもしれないが、同じレベルの社会的ステータスを持った人は、同じような価値観や問題意識を共有するので、共感ベースのコミュニケーションが進むのだ。

厳選された少数派エリートは孤独感も相まって、多数派を軽蔑したり、憎しみを育んでしまうかもしれない。まわりがバカに見えてしまい、パフォーマンスの低い周りの大多数が組織の生産性の足を引っ張っていると憎しみを心の中に育ててしまう。

この問題は単に少数派エリートが人格的に利己的で包容力が足りないということではない。日本では過度の平等主義や、同調圧力、足の引っ張り合いがあり、出る杭を打つ〝空気感〟がある。このような非生産的な研究環境や労働環境ができてしまうのを防ぐためには、多様性がただ単に存在するだけでなく、少数派と多数派が対立しないように包み込む包摂性をセットにしたDiversity and Inclusiveness（D&I）という考え方が、組織の魅力や生産性に重要であることが分かってきた。

組織にはいろいろな人がいる（＝diversity）。非常に熱心に働く人が少数であった場合、残りのあまり頑張って仕事をしない人を「私たちの働きで、あいつらを食べさせてやっている」と非難しがちだ。組織の構成員全員が一丸となって働くのが理想かもしれない。全員が一丸となって働けば組織のパフォーマンスは最大限にまで引き出されるだろう。しかし現実には人の能力には差があるので、そのような状況は非常に稀だし、無理して作ったとしても長続きしない。がんばらない人も包摂する寛容さを持ちたい。

Hさんへのオルタナティブアンサーは「早く進もうと思えば1人でいくのが良い。しかし遠くまで行くには、皆でいく方が良い（ただし仲間割れしない限り）」だ。

ケース9

大学院生Iさん

（23歳・男性・地方国立大学・医学系）

修士課程の1年生です。学部2年の頃から研究室に出入りしていて、低酸素環境におけるがん幹細胞の代謝変動について研究をしています。教授や先輩方の指導のおかげで、このたび筆頭著者の論文をNature姉妹誌に出すことができました。来春には国際学会でオーラル発表を予定しています。教授からは「君は研究者になるべきだ」と言われて、僕もなんとなくそのつもりでいるのですが、研究者として成功する自信がありません。どうすれば、スタッフや先輩方のように自信が持てるのでしょうか？

苦労して成功を体験して、戦略的に楽観主義者になろう

結果ではなくプロセスが大切

Iさんへのクイックアンサーは「自信をつけたければ失敗せよ」だ。Iさんは傍目から見れば、順風満帆で成功を絵に描いたように見えるかもしれない。しかし、自信が持てないのは、自分の力で成功したという実感がないからだ。運良く成功した場合には、その成

功に再現性があると思えない。成功体験が身についていない。成功をするノウハウや経験が蓄積されていないと、次に同じことをしても成功すると思えないので、失敗する恐怖に怯えてしまう。運良く苦労せずに成功してしまい、失敗を経験していないと、未経験であるがゆえに失敗に対する恐怖の妄想はどんどん膨らんでしまう。

苦労せずに手にしたものは自信へとつながらない。苦労して手にしたものしか身につかないのだ。苦労してあるものを手にいれれば、あるものだけでなく、そのプロセスでの経験を通じて学んだノウハウをも獲得することができるのだ。手にした名声、お金、地位はいずれは失うかもしれないが、獲得した経験は永遠に失われずに蓄積され自信へとつながる。失敗を経験したのちにはじめて獲得するという経験＋ものの双方を獲得することに価値がある。

苦労せずに与えられたものは、長期的にはそれを失うことの恐怖しか生まないが、苦労して獲得のノウハウ込みで手にしたものは、たとえ失ってもまたもう一度同じプロセスを踏めば自力で手にすることができるという自信に裏づけられるので、喪失の恐怖は小さい。苦労して手に入れたものしか価値がないのだ。

運を実力と勘違いする力

しかし、ここで少し立ち止まってみたい。Ｉさんの研究室の先輩たちが自信に満ちているように見えるのは、成功を苦労して手に入れたからだろうか？　必ずしもみんながそうではない。苦労して成功を手に入れる方法以外に、自信をつけるもう1つ別の方法がある。それは勘違いすることだ。運を実力と勘違いする。運良く成功をしただけなのに、自分の実力で成功したと勘違いすることだ。

運を実力と勘違いすることができるのは楽観主義の力だ。楽観主義者は楽観的であるがゆえに、大した根拠のない高い自尊心を持つ。はっきりした根拠はなく自分はやればなんとかなると自己評価が高い。さらに自分は運が良いと思っている。そして運も実力のうちであると本当に信じている。運良く成功しても実力で成功したことにするし、実力で成功すればもちろん実力で成功することになる。人に助けてもらって成功するのも、実力のうちと考える。なぜなら人から助けてもらいやすい雰囲気をかもし出せるのは才能と経験から身につけたスキルであると信じるからだ。

私の感覚ではテニュアの地位（任期制ではなく終身雇用が約束されたポスト）にあるシニア教授やシニアＰＩは、多少なりとも運と実力を勘違いする楽天性を持っている。人に助けられることに感謝しつつも、良い人脈に助けられてきた幸運をも自分の実力の一部であると自然に考える。自分の実力を過大評価することが、さらに良い結果を生み出す。

ノーベル経済学賞受賞者のダニエル・カーネマン氏が指摘しているように、世の中を牽引するようなパワフルな起業家、政治家、学者、芸術家の大多数は楽観主義者で、自分の実力を過大評価する傾向にある。楽観主義者であるがゆえに、リスクを取って新たなことに挑戦し、たとえ失敗してもそこから立ち上がり再び挑戦するのだ。

よってIさんへのオルタナティブアンサーは「運と実力を勘違いすることを躊躇しない楽観主義者たれ。戦略的に」だ。

ケース10　助教Jさん

（35歳・女性・都内国立大学・薬学系）

留学後に運良く国内のポストを得ることができたのですが、ボスである教授と学生の指導から研究における考え方まですべてがあわず、違うラボに移りたいと思っていました。そのようななか、出身ラボの先輩Vさんから「シアトルでラボを構えることになったので、立ち上げメンバーになってくれないか」と誘いを受けました。ポスドク待遇とのことですが、今の環境から出られるなら願ったり叶ったり。しかしいざ教授にそのことを伝えようとすると、一応は留学後に〝拾ってもらった〟手前、海外でもう一度ポスドクをするということがなかなか言い出せません。

研究者としての成長のチャンスを逃さずに「飛び出そう」

〝親元〟から巣立つのはつらい

Jさんへのクイックアンサーは「飛び出せ」だ。この問題の本質は上司とウマがあわないので、転職したいという相談だ。ケース2で述べたように上司は最も近い顧客で、あなたは〝営業職〟なので、まず顧客を喜ばせることを第一に考えて行動し、商品を買ってもらわねばならない。またケース7で述べたが学ぶ気さえあればどんなものでも教師になりうるので、バカ上司の下で働く意味も少しの間なら見出せるはずだ。しかし、そのうち上司との考え方の違いに耐えきれなくなるときが来るだろう。それはあなたが成長した証拠だ。あなたの独立心やエゴが育ってきた証拠だ。独立に向けてのキャリアパスを歩みはじめるときだ。

独立心が育ってきているのなら、ＰＩや準ＰＩ的なポジションへのキャリアアップをめざすのが良い。助教からポスドクというのは一見キャリアダウンのように見えるが、歴史的に見ても、日本人助教（かっての助手）が休職扱いで、米国のポスドクなどの研究員として留学することは、日本人研究者の普通の経歴であった。

確かに助教を英語では Assistant Professor と記載するので英文ＣＶを見れば Assistant Professor ⇩ postdoc のキャリアは違和感を与える場合もあるかもしれない。しかし日本の助教は、独立性や自由度においては米国のシニアポスドク程度のこともあるので、助教を Research Associate と記載する場合もしばしばある。このように考えるとキャリアアップではないにしても、ラテラルムーブやサバティカル的にとらえれば納得できる選択だろう。

さらに大事なことは Visiting Assistant Professor で留学すれば給料は出ないかもしれないが、ポスドクならば給料は出るだろうから、実質的にそれほど悪い選択ではないということだ。

正しい恩返しの作法

Ｊさんは今の教授に恩義を感じて転職を切り出すことを躊躇しているということだが、教授との対立や軋轢、気まずい空気になることを恐れているのだろう。異動のときにさまざまな人間関係上の摩擦がおきることは避けられない。できるだけ摩擦や軋轢を少なくする気配りは大切だが、ストレスをゼロにすることはできない。転職や異動の話を切り出せば、今までのように職場での一体感や心地良さはもはや享受できないかもしれない。

ある統計によれば日本人が職場に求める第一の条件は人間関係の良さや、居心地の良さだが、欧米では、キャリアパスや給料の方が上位にくる。日本は雇用の流動性が低いので、いったん常勤になれば定年まで長くそこで働きたいと考える人が多く、職場が地域コミュニティーとしての役割を果たしてきた歴史的経緯を考えれば当然かもしれない。しかし職場に居心地の良さを求め過ぎてはいけない。職場はキャリアップのために自分を磨く実践の場だ。癒しの場ではない。

面倒を見てくれた上司（教授）に「恩を仇で返す」的な仕打ちをすると感じて、異動や転職を言い出せない心理は理解できるが、一生忠実な部下として奉仕することが最大の恩返しではない。上司（教授）がメンターとして優れた人材育成の能力を持っていることを、身をもって証明するために将来的には独立してＰＩになることが真の恩返しの方法だ。あなた本人にとっても上司（教授）からの独立という禊をすまさないと、研究者としての成長は見込めない。

よってJさんへのオルタナティブアンサーは「自己の成長物語を語るためには、上司（教授）から独立するといった、いわゆるギリシャ神話の〝父殺し〟という禊をしなければならない」だ。

ケース11 ポスドクKさん（29歳・女性・地方国立大学・農学系）

同じ研究分野の人が集まる学会や研究会に参加しても、他人とコミュニケーションを取ることができません。講演を聞いていても、色々と質問したいことは思い浮かぶのですが、一度も質問に立ったことはありません。自分がポスター発表する折も、「説明してもらえますか」と言われてはじめて口を開く有り様で、「説明しましょうか？」の一言はいつも喉元まででかかって、飲み込んでしまいます。これじゃあ、研究者というか、そもそも社会人としてダメですよね？ こんな性格だから、最近は社会そのものに自分の居場所がないように感じてしまいます。

内向的な人は多いし、内向的であることを変える必要はない

悩んでいるのはあなただけでない

Kさんへのクイックアンサーは「人前で話すことに問題を抱えた人はあなただけではないので、まず安心してもいい」だ。米国のある調査によると人前で話すことの恐怖（Fear of public speaking）は死の恐怖より強いようである。昇進して、より高いポジションにつけば人前でスピーチをする機会が増えるので、大幅な収入アップが約束されているにもかかわらず昇進をみずから辞退する人も少なからずいる。人前で話すことに恐怖を覚える状態は Glossophobia という名前がついているほど頻繁に見られる問題なのだ。

少人数でストレスの少ない受容的な環境下で話すことのトレーニングを積んで段階的に経験を重ねることで、Glossophobia は軽減していく。場合によっては話し方教室などでコーチングを受けることが効果的だ。

即興で話すことにストレスを感じたり、頭の中が真っ白になって一言も話せなかったらどうしようかという恐怖が浮かんで不安感を抑えきれないことも、人前で話せない大きな原因である。したがって原稿を作り、それを一字一句読むことからはじめることをお勧めする。質問するときには、まず紙またはスマホのメモで質問の原稿を作文し、最初はそれを読みながら質問すればいい。これを繰り返すうちに、原稿は準備して手に持っているが、それは安心のためのお守りで、全く原稿を見ずに話せるようになる。質問するのに原稿を作るのは馬鹿げたあまりにも保守的な方法と思えるかもしれないが、国際会議などで重要な質問を英語でするときは、教授でも英語の原稿を作る。私も会場で質問するときは全文または要点を英語でメモしたものを作成し、それを見ながら質問することがよくある。

受け身で良い

人前で質問できないことに対する罪悪感を感じていて、それが悪循環形成の原因になっているのならばこう考えよう。最近は積極的に発言する人も増えており、あなたが質問しなくても大勢にはあまり影響ないので、それほど気にすることはない。

本当に必要なときは誰かが「説明してください」とか、きっかけを作ってくれるので、それまで待てば良いのだ。「発言しなければならないのにできない」を「必ずしも発言する必要がないから、強制されるまでしない」に切り替えて、安心して頭や手を動かせば良い（口は動かさずに）。

意外に思うかもしれないが、内向的だと悩んでいるのは日本人だけではない。米国のベストセラーに「Quiet–The Power of Inroverts in a World That Can't Stop Talking」（邦題：内向型人間のすごい力 静かな人が世界を変える、講談社）がある。社交的でよくしゃべり、自己主張することに価値があると考えられている現代に、寡黙で内向的な人（Introverts）の力や社会貢献・経済効果に光を当てた点が支持されている。内向的でシャイな人だが創造力に富んだ人の例としてマイクロソフトの創業者であるビル・ゲイツ氏らをあげ、内向的な人の強みと魅力を浮き彫りにしている。

創造的なインパクトの強い大きな仕事を後世に残す人には、コンプレックスをバネに努力する人が少なくない。内向的であるというコンプレックスをバネにし、創造のエネルギーを簡単には外に発散させずに内側に溜め込んで、鬱積したエネルギーを創造の原動力にする作法は成功する研究者の1つの生き方だ。

よってKさんへのオルタナティブアンサーは「あなたのそのコンプレックスと屈折した

エネルギーを創造に向ければ、社交的である必要はない。創造力が認められ偉くなれば、コミュニケーションは有能なアシスタントを雇えば良い」だ。

ケース 12
若手PIのLさん
（35歳・男性・独立行政法人研究機関）

周りの方に助けられて32歳で小さいながら自分のラボを構えることができました。最初の3年間はテクニシャンとポスドクと私の3人で研究をしていたのですが、今回、見事大型の研究費が当たり、ラボメンバーを大幅に増やそうと思います。しかし、今以上の人数のラボをマネジメントする自信がなければ、そもそも、中規模のラボヘッドとしてメンバーを指揮するリーダーシップや人を惹きつけるキャラクターが私にあるとは到底思えません。研究費なんて当たらず、今のまま数人のラボで細々と研究できていれば良かったのかなと思いはじめています。PIは、ラボを大きくしないといけないんでしょうか？　ラボを大きくしないPI＝優秀でないPIと思われるのでしょうか？

能あるPIは（むやみに）ラボを拡大せず

小さくフラットなラボの生産性が高い

Lさんへのクイックアンサーは「急いでラボを大きくする必要はない」だ。私が39歳で独立したときに、ハーバード大学でアシスタントプロフェッサーとしてスタートして冠付きプロフェッサーまで昇りつめたフォン・アンドリアン氏からもらったアドバイスは「急いでラボを大きくするな。急いで人を増やせばコントロールできなくなり生産性は下がるが、人件費や研究費はたくさんかかり、ラボは容易に破綻してしまう」というものであった。

一部の大きなラボに予算が集中することは必ずしも生産性や創造性を上げないと米国でも考えられていて、政府も小規模のラボをたくさん作りたいと考えている。HHMI（ハワードヒューズ医学財団）が作った創造性を高める理想的な環境を作る実験としてのジャネリア（Janelia Research Campus）でもラボの規模は小さく抑えられ、ＰＩが全体を直接把握できる中間管理職のいないフラットなラボ構造を維持している。

ラボが大きくなれば、中間管理職が現れ、官僚的振る舞い（研究成果を出すことよりも、現在の自分のポジションを確保することが優先される）が横行し、研究室全体としての生産性は停滞するだろう。今は無理して大きくする必要はない。大型の研究費を獲得しても人員拡大は最小限にすれば良い。

余談だが日本人は「あなたのラボはどれくらいの大きさですか」とか「スタッフは何人いるのですか」とよく質問するが、米国ではそのような質問はあまりしない。日本人は一般に教員も学生も英会話の中で「How many...」ではじまる質問を多用する。例えば海外の病院見学に行ったときにも

日本人「How many patients do you see at the clinic?」
相手　「I usually see 15 to 20 patients.」
日本人「Oh, good...（会話終わり）」

というパターンが多い。本質的なことを質問する英語力がないことも1つの原因だが、本質的な質問を日本語でも思いつかないことがさらに深刻な問題である可能性がある。

よってLさんへのオルタナティブアンサーは「ラボの大きさは本質的な問題ではない」だ。

第1章

行動しながら考えよう

——Thinking While Acting

行動しながら考えよう
——Thinking While Acting

本章では悩める若手研究者のケーススタディ（序章）で取り上げた、留学する計画はあるのになかなか実行に移せない助教Eさん（ケース5）、恩義を感じる教授になかなか異動の希望を言い出せない助教Jさん（ケース10）に向けて、これ以上くよくよ考えていないで、いますぐ行動するための方法を伝授する。

考えすぎずに、まずは動き出してみよう

留学や異動という人生の悩みに向き合う前に、唐突だがあなたが日々取り組んでいる「実験」について考えることからはじめたい。ペンシルバニア大学教授のAkira Kaji氏の伝説的な教えに「すべての実験に不可欠な3つのこと」がある。1つ目が「ポジティブコ

ントロール」、2つ目が「ネガティブコントロール」であり、この一方でも欠けると、実験が正しく行われたのかどうか保証されないとしている。そして3つ目が「Experimental Value」つまりその実験の意味や価値だ。適切な「ポジティブコントロール」と「ネガティブコントロール」が入った実験データは合理的解釈が可能であるが、その実験を研究者が労力をかけて、また実験動物の命を犠牲にしてやる価値がそもそもあるのかどうかは別の問題である。

実験のExperimental Valueを判断するためには、研究プロジェクトのクレームが明らかでなくてはならない。クレーム（Claim）とは〝結局は何がしたいのか〟という研究の総合的な目的のことであり、証明すべき作業仮説やアイデアと同じ意味だ（苦情や抗議として使われるいわゆる日本語のクレームとは根本的に異なる。いわゆる苦情はComplaintである）。研究プロジェクトのクレームをはっきりさせないで行動すれば、Experimental Valueのない、つまりやる価値のない活動を無意味に行うことになるので、自分や共同研究者の時間やお金、実験動物の命を無駄にしてしまうリスクを冒してしまう。

それでは、そのようなリスクを冒さないためにはじっくり考えて計画を練ってからしか行動をはじめてはいけないのだろうか？ それともまずは行動をはじめてしまった方が良いのだろうか？ 研究プロジェクトではどうか？ また人生プロジェクトではどうなのかを本章で考える。

行動しながら考えよう（Thinking While Acting）

「立ち止まってじっくり考えよう」とか「行動をおこす前にとことん考えよう」とは至極まっとうなアドバイスである。ここではあえて少しだけ異論を呈して、「まず小さくても良いので半歩だけでも踏み出して少し勢いをつけよう。そしてそのあとは行動しながら考えよう」という提案をする。

じっくり考えてから行動に移すのは注意深く賢明な人の行動パターンかもしれない。しかし現実には、まず行動に移し、そして行動しながら考えるスタイルがより幸福な結果につながることが多いと思う。まったく行動せずにじっくり考えるのではなく、また計画せずに行動に移し何が何でも最後までそのままやりきるのでもない。考えすぎる前に、まず小さな第一歩踏み出し、行動をおこす。

行動せずに考えているだけでは自分も変わらないし、世の中も変えられない。しかしほんの少しでも良いから一歩を踏み出すという行動をおこせば、そこからのフィードバックで自分を変える機会が与えられるし、小さな行動が世の中に影響をおよぼし、何かが変わることがある。さらにその変化を受けて自分の計画をさらに少しだけ修正して、少しだけ前進すれば、ドミノ倒し的に世界が動き出し、考えが現実のものとなる。こうすることではじめて後づけ的に考えがまとまるのだ。考えがまとまらないので行動できないのではない。行動しないから考えがまとまらないのだ。行動から得られる現実世界からのフィードバックが、考えをまとめるには不可欠なのだ。

将来のことを考えてばかりで不安で行動できずに脳内人生を歩んでいる妄想男子・女子さらには妄想紳士・淑女の諸君に告ぐ。まずなんでもいいから半歩踏み出す練習をすれば、それがきかっけとなり世界が動き出し、そして考えが最後にまとまる。考えがまとまっていなくとも半歩を踏み出すことを繰り返せば、生産的な方向に向けて行動しながら考えるという、ストレスの少ない習慣を身につけることができる。

スターバックスで勉強するとなぜはかどるのか？

仕事で行き詰まりそうなときには、どんな半歩でも一歩でも良いので行動することで状況が好転することが多い。そのためには第一歩はできるだけハードルの低い簡単な行動が良い。例えばオフィスや研究室を出て、スターバックスで1時間ノマドするのはどうだろうか。これならすでに経験があるという人もきっといるだろう。自分のオフィスを持たずに、カフェにノートパソコンとスマホにコーヒー片手に仕事をするノマド・スタイルがかつて流行した。私は自分の個室オフィスを持っているが、仕事に行き詰まったり、考えに行き詰まってなかなか論文やグラントの文章が書けなくなると、気分転換でオフィスを出てパソコンを片手にスターバックスに出かけることがよくあった。

ボストンにオフィスがあったときにはハーバード大学医学部が建つロングウッド通りにあるスターバックスは、いつも学生や若いＰＩ（そのころは私も若かった）でいつも溢れかえっており、多くがパソコンを開けてキーボードを打ち仕事をしていた。ロングウッドのスターバックスはしょっちゅう満席になったので、そのときはわざわざ20分歩いて、隣のノースイースタン大学の前にある Au Bon Pain（オーボンパン）カフェで仕事をしたものだ。

どうしてカフェで勉強するとはかどるのか。横道にそれるが聞いて欲しい。コーヒーを飲みながら仕事をするのでカフェインの力で集中できる効果もあるかもしれない。カフェインの効果だけを期待するのならば、おいしいカフェラテをスターバックスでテイクアウトして持って帰り、より仕事の環境の整ったオフィスでコーヒーを飲みながらパソコンに向かう方が効率的な気もする。オフィスには必要な書類や機材はすべて揃っていたし、スターバックスのＷｉ－ＦｉよりオフィスでのＷｉ－Ｆｉの方が繋がりも良くインターネット環境も優れている。にもかかわらずスターバックスに行って仕事をするのは単なる気分転換以上の効果が期待できるからだ。私の場合にはまわりに適度な環境雑音があった方が、かえって目の前の仕事に集中できる。

環境雑音の存在が集中力を高める効果に加え、スターバックスで席に座って仕事をしていると、目の前の仕事に集中せざるをえない環境を作り出すことができる。せっかく確保した席を簡単に明け渡したくないので、その席に座って目の前の仕事に集中するしかない強制効果のある状況が作り出される（米国では荷物を置いたまま席を立つことは盗難の危険があるので）。またカフェでは手持ちの資料にも限りがあるので、調べすぎることに時間を浪費して書類を書きはじめるのが遅くなることも防げる。

そのような状況のなかでは身体的な自由度は減るかもしれないが、かえって精神の自由度は上昇するのではないか。オフィスを出て公園や広場に行くのではなく、あえてカフェの1席というオフィスよりも小さな空間に自分を押し込むことにより、かえって自由度が高まるというマインドセットの変化がおこるのだ。哲学者ジャック・ラカンが記した「自由を手放し、不自由を引き受けることで、精神はより解放される」を思い出す。

コミットメントデバイス効果で集中する

まわりに人がいると人目が気になって集中できないという人もいる。しかしまわりに第三者がいる状況では、コミットメントデバイス効果によって仕事に集中できる環境が作り出される。コミットメントデバイスとは、継続や達成すれば良い結果をもたらすことがわかっていても自力では達成・継続できない状況を、そうせざるをえないようにする仕掛けのことだ。特にセルフコントロールに問題のある人を助ける仕掛けとして世界のいたるところで利用される。

例えば自分の目標を公言することは、もしその約束を守らなかった場合にはまわりから白い目で見られる（＝信頼を失う、屈辱を味わうなど）ペナルティを受けるので、約束を守るような強制力を発揮する。カフェという公共スペースで仕事をすれば、他の人の目があるので、昼寝をしたり漫画を読んだり無意味なネットサーフィンをすると体裁が悪いと私なら感じる。たとえフリだけでも仕事をしているように振る舞っているうちに、それがきっかけとなり本当に効率良く仕事ができる「嘘から出たまこと」的な効果もある。

研究者の仕事のなかでもアイデアを練ったり研究戦略を考える知的作業は、純粋に精神的な活動により支えられていると思われるかもしれないが、実は、肉体的また環境的な因子にも大きく影響をうける。最高の環境の下で脳が最高のパフォーマンスを発揮できるようにするためには、身体的、環境的要因を整備しなくてはならない。行動せずにひたすら考えるのはむしろ効率が良くない可能性がある。やはり行動しながら考えよう。その３つのステップを次に示す。

行動しながら考える3つのステップ

①五感で経験しながら考えよう

「行動しながら考えよう」の「行動」とは、たとえば「動きながら」とか「歩きながら」とか「話しながら」がイメージしやすいだろう。オフィスを出て歩いてカフェに移動して、店員や知り合いと言葉を交わすプロセスはこのすべてを含んでいる。行動すれば、外環境は変化し、そこからのフィードバックで考えが磨かれ、好転するきっかけをつかみやすい。

歩いて動いて人と話せば、身体を使うことにより五感を通じて、オフィスや自宅とは違った刺激をうけることができる。「行動しながら考えよう」の第1段階は「五感で経験しながら考えよう」だ。

②人に相談しながら考えよう

またカフェの店員と日常会話を交わすだけでなく、別の機会に友人やメンターに自分の考えを話すことは、考えを磨くうえで非常に効果的な「行動」だ。人に相談することができれば、たとえ解決策を教授されなくとも、問題の半分は解決されたようなものだ。相談する際に言葉として表現する言語化の過程で、問題点が整理されはじめるからだ。「行動しながら考えよう」の第2段階は「人に相談しながら考えよう」である。第6章・第7章では相談できるコラボレーターを持つことの重要性を提案する。

③書きながら考えよう

さらに考えをまとめるためには、考えを文章として書き留めなければならない。頭の中で考えているだけでは本当に考えたことにはならない。「この本を読んでいろいろ考えさせられました」とか「今ちょっと考えています」の〝考える〟は、漠然と頭の中で考えの断片がグルグル回っている状態で、本当に考えているレベルには達していない。

頭の中でグルグル回る考えの断片が、文章化することにより**再構成**され、再構成の過程で今まで漠然としか理解していなかった自分の考えを**再認識**することができる。さらには今まで認識できていなかった考えが自分の内側にあったことが**再発見**される。考えるとは書く行動を経てはじめて完結する。考えがまとまらないので書けないのではなく、書かないから考えがまとまらないのだ。

書くことにより考えの断片が再構成、再認識、再発見の創造的なプロセスを経て、実体化される。実体化されたテキストは、他人だけでなく未来の自分に読み返され、さまざまなフィードバックを惹起し、思考を深める効用がある。

◆ ◆ ◆

「行動しながら考えよう」は、「五感で経験しながら考え（第1段階）」、「相談しながら考え（第2段階）」、そして「書きながら考える（第3段階）」で深まっていく。書くときには読者を少しだけ意識しよう。書くものとしては論文でも、研究費申請書でも、提案書のような仕事に関係する文章でも良い。この場合、読者は査読者や上司だ。またプライベートなことなら日記でも構わない。日記帳なら読者は常に未来の自分だ。すぐに読み返したとしても、作者は常に過去の自分で、読者は常に未来の自分だ。

「行動する前に考えよ」という米国流トレーニング

日本の大学院教育は、実践重視で、つべこべ言わずにまず研究の手法や手技を経験してみて体で覚えるという「まず行動し、後から考えよう」スタイルが多い。だから、「行動しながら考えよう」は日本人にあった戦略だ。この「行動しながら考えよう」に対比する考え方は「行動する前にまず考えよ」である。意外に思うかもしれないが、これは米国の大学院教育のスタイルだ。米国ではとことん考える訓練をうけることから研究者のトレーニングがはじまる。

米国のリサーチユニバーシティの代表であるハーバード大学の大学院教育に私は10年余り携わってきたので、ハーバードを例にして米国流を詳しく見ていく。米国大学院での研究者育成でのゴールはIndependent Thinkerを作ることである。Independent Thinkerの代表例は独立した研究者であるPrinciple Investigator（ＰＩ）だ。Independent ThinkerたるＰＩはみずからのアイデアをもとに、必要なリソースを調達し、チームを率いて研究を遂行し、結果を社会に発信する。自分のアイデアをもとにグラントを書き、ゴールの達成に必要なリソース（ヒト、モノ、カネ）を調達し、成果を責任著者として論文として発表する。Independent thinkerの肝は〝考え〟て〝実行できる〟ことだ。

そのような研究者を育て上げるために、米国の大学院ではまず徹底的に考えることのトレーニングをうける。考える前にまず体を動かして実験をしなさいとか、先輩についてまず真似をすることからはじめなさいというトレーニングの仕方はめったに行われない。

大学院の最初の1年はコースワークとよばれる授業をうけながら、プロポーザル（研究計画提案書）を書いて自分の行う研究の計画をひたすら練る。そして大学院で研究ができる知識と考え方を身につけているか、研究者として基本的な考え方ができているかの資質を問うための Qualifying Exam とよばれる試験をパスしなければならない。Qualifying Exam をパスすればはじめて、みずから手を動かして実験やフィールドワークをすることが許され、本格的な研究活動をはじめることができる。

このように米国の大学院で学んだ場合には最初はとても頭でっかちだ。理屈はとてもよく分かっているが、研究スキルや手技の経験値は逆にとても低い。しかし、やったことはないが理屈は知っているので、必要ならすぐできるようになると学生は思っているし、そう主張するところが良い意味で頭でっかちだ。

これと比較して日本の場合には即戦力型の人材を育成するようなデザインになっている。米国の場合には最初はひたすら考える力を養うので実行力がついてくるのは大学院の後半だ。米国の大学院教育は卒業期限を必ずしも決めているわけではないので、しっかり固めた後じっくりと実行力をつけていく大器晩成型の人材育成が許される。一方、日本では4年程度の決まった期限の間に論文がアクセプトされてなくてはならないので、大学院に入ればすぐに実行力を身につけなくてはならないという違いがある。

研究をはじめる前に、綿密に調査して結果を予測し、仮説を立て、検証するための研究方法を選択する計画を徹底的に考える。そして研究費申請書という形に言語化・文章化して審査員を説得し、高い評価を得て、競争的資金を獲得する。そのための技術を大学院のときから磨く長期的な戦略が米国の大学院では組み込まれている。

米国ではいかにして「行動しながら考えよう」を身につけるのか?

このように米国ではまず徹底的に「行動する前に考え」、「徹底的に調査し、考えてから行動せよ」を研究者の作法として叩き込まれるが、現実の社会で研究プロジェクトを動かすには、「行動しながら考えよう」をしっかりとサポートすることもシステムに取り入れている。米国の研究計画書ではまず試しに少しだけ考えながら行動した結果である予備データを示すことが、重要な評価ポイントになる。予備データを作るための予算やリソースは、研究者を雇用したときに大学や研究所がスタートアップ資金の一部として提供される。

そもそも、いかなる研究も最初は不完全な計画からはじまる。この段階では外部資金申請での審査に耐えうるだけの確固たる研究計画はできていない。そこで、スタートアップ資金を使ってまず試しにパイロット研究を行い予備データを得る。予備データを見て、あでもないこうでもないと悩みながら試行錯誤する。これが「行動しながら考えよう」の第1段階「五感で経験しながら考えよう」に相当する。しかし、思いどおりの良い結果を得られず、悩むことがあればメンターに相談して対処法や戦略を再考するアドバイスやフィードバックを求める第2段階「人に相談しながら考えよう」を実践し、1人で悩んで前に進めなくなる状態を回避する。メンターが適切なアドバイスを与えてくれる場合もあるが、相談する過程で頭の中の悩みを言語化し、おのずと問題解決の方向性が見えてくる場合もよくある。そしてアイデアがよく練られ実現性を帯びてくれば、第3段階「書きながら考えよう」だ。まず研究費申請書概要の草稿を書いてみる。例えば正式な申請書が10ページ程度だとすれば、まず1ページにまとめた概要を書いてみる。考えを言語化する行動で、頭の中の〝考えの断片〟の再構成、再認識、再発見がおこり、アイデアが洗練され、現実的なものに成熟する。ここでついに正式な研究計画書を書くときがやってくる。

前述したとおり、米国では「徹底的に考えてから行動する」ことを教え込む一方で、考え抜いた後、はじめて行動に移す際には、「考えながら行動する」実践を構造的にサポートする十分なスタートアップ資金が存在する。日本人には考えながら行動するスタイルがあっていると述べたが、米国の多くの研究者もそのスタイルを実践している。米国の大学院では「徹底的に考えてから行動する」ためのトレーニングを重視するが、卒業して研究の現場に出てからは、「徹底的に考えてから行動する」と「行動しながら考える」のバランスの取り方を、実践と経験を通じて学んでいくのだ。

愚直なサイクルをまわす人生戦略

「行動しながら考えよう」というスタイルは〝愚直なサイクル〟をまわす人生戦略（前著「研究者のための思考法 10のヒント」第1章参照）ととても相性が良い。〝愚直なサイクル〟とは、

①まず大まかな目的を設定し、目的達成のための短期的戦略（＝次の一歩）を考える

↓

②短期戦略を実行する（＝一歩をふみ出す）

③予想外の問題点にぶつかる（または予想外のチャンスに出会う）
←
④問題点やチャンスを考慮して短期的戦略を修正する（また次の一歩をふみ出す）
←
⑤②に戻る
←
というサイクルである。問題を解決しながら計画の修正を繰り返すことで目的を達成することができる。

「行動しながら考えよう」と〝愚直なサイクル〟をまわす人生戦略の根底にある考え方は同じだ。長期的な計画や戦略はそのとおりにはいかない。なぜなら未来を高い精度で予測することはできないからだ。絶え間なく変化する不確実な環境で行動するには、目の前のことに集中し、常にフィードバックに反応して臨機応変に振る舞いを変化させ、新しい環境に応じて迅速に最適化する必要がある。サイクルをまわすことが行動であり、問題やチャンスとの遭遇に応じて計画を修正する過程が「考える」ことに相当するので、〝愚直なサイクル〟をまわす人生戦略と「行動しながら考える」の本質は同じだ。

恐れるべきは「行動をやめてしまうこと」

序章の助教Eさん・Jさんのような「徹底的に考えてから行動する」スタイルでは、考えに行き詰まったり、リスクを過剰評価しすぎてまったく動けなくなる最悪の事態に陥る可能性があるが、「行動しながら考える」スタイルではこれを避けることができる。立ち止まってあまりに考えすぎると人はネガティブな考えに心が支配される。不安や恐怖はそもそもは太古の人類の生存のための防御本能だが、現代では不安や恐怖は過剰に働き、本来抑制すべきでない生産的な行動をも抑制してしまう。

失敗することは「あるやり方が上手くいかなかった」ということを理解する最高の学びの機会だ。死なない範囲で失敗する経験を持つことは経験値を稼ぐ成長過程だ。失敗を恐れる必要はない。恐れるべきは失敗への不安や恐怖のために、挑戦するという行動をやめてしまうことだ。挑戦しなければ経験値という筋肉を鍛える機会は失われ、筋肉はやせ細り萎縮し挑戦するための体力は枯渇してしまう。「行動しながら考える」スタイルを続ければ、挑戦するための筋肉をコンスタントに鍛え、萎縮を防ぐことができる。

ただし、ここであえて強調しておきたいのは、「行動しながら考える」スタイルと「徹底的に考えてから行動する」スタイルは、個人のなかで必ずしも二項対立するものではないということだ。米国での Independent Thinker に向けた研究者の成長過程で見られるように、この2つのスタイルはいずれも個人のなかでバランスを取るものだ。しかしあえて2つのスタイルを比較すれば、予想不可能な現実社会の問題に取り組むには「行動しながら考える」スタイルの方が成功する可能性が高い。

「徹底的に考えてから行動する」ことにも良さはある

それでは強い地頭を要求する「徹底的に考えてから行動する」スタイルはもはや不要なのか。数学や理論物理学のような純粋科学では「徹底的に考えてから行動する」ことでしか目的を達成できないはず。しかし、それ以外の科学の分野ではどうなのか、私見を述べる。

たとえ必ずしも自分で検証することはしないにしても、「徹底的に考えて」仮説やモデルを世に提唱することは、科学という学問を活性化するうえでとても大きな役目を果たすと思う。科学という営みの本質には、〝煽り〟がある。煽りとはバブルのことだ。ある分野の科学研究が世の中を変える可能性があると報道されれば、社会は興奮し投資が活性化され、その科学には本来の価値以上に期待される。いずれその科学は期待に見合うほど社会を変革できないことが判明して、バブルは崩壊することがしばしばおこる。

初期の期待からすればEmpty promiseに終わるかもしれないが、バブルの過剰投資のおかげでインフラは整備され、失敗の過程で別の研究のシーズが生まれ、大きく別の方向に科学が進歩することも多い。〝煽る〟ことで長期的にはイノベーションやセレンディピティをもたらす可能性が生まれると思う。しかしEmpty promiseは多くの犠牲も生むだろう。

「徹底的に考えてから行動する」スタイルは多くの犠牲を払いながらも、「行動しながら考える」堅実なスタイルではおこすことのできない、大きなインパクトを生み出す力を秘めている。

まとめ

- 「行動しながら考える」スタイルは、〝愚直なサイクルをまわす〟人生戦略と相性が良く、ストレスが少なく堅実に価値を創出できる。
- 「徹底的に考えてから行動する」ことを絶対とするように見える米国アカデミアの研究者育成システムでも、実践では「行動しながら考える」と「徹底的に考えてから行動する」のバランスを重視する。
- 地頭の強さに自信があれば「徹底的に考えてから行動する」スタイルを貫き、新しい仮説やモデルを世に提唱することをめざしても良い。

第2章

ネガティブな感情を活用しよう

――ネガティブな感情を避けるのではなく、自身の成功を導くものに転化させる方法

ネガティブな感情を活用しよう

――ネガティブな感情を避けるのではなく、自身の成功を導くものに転化させる方法

序章で取り上げた、指導者が怖くてうまく付き合えないという学部生Gさん（ケース7）に向けて、相手への苦手意識や嫌悪感という気持ちをバネにして、行動する原動力とするための秘訣を考える。まずはイチローのエピソードからはじめよう。

ネガティブな感情が強いモチベーションになる

イチローこと鈴木一朗は１９７３年10月22日愛知県生まれ、小学生の頃には少年野球

チームでエースで4番として活躍、愛工大名電高校時代にはレギュラーとして甲子園に出場し、1991年にドラフト4位でオリックス・ブルーウェーブ（現オリックス・バッファローズ）に入団した。プロ野球では華麗な流し打ちに代表される卓越した打撃の技術で安打を量産し、2001年には渡米しシアトル・マリナーズと契約、メジャーリーグでのキャリアを開始した。高い打撃技術は米国でも評価され、新人王、MVP、首位打者、盗塁王などを次々に獲得し、その後ニューヨーク・ヤンキースを経て、2015年にはマイアミ・マーリンズに移籍。そして2016年6月15日（現地時間）の敵地サンディエゴのパドレス戦で、ピート・ローズのメジャーリーグ通算最多安打記録4,256安打に追いつき追い越し、日米通算最多安打記録4,257本の金字塔を打ち立てた。イチローの歴史的偉業は日本だけでなく米国のメディアでも多く取り上げられた。

イチローが高いパフォーマンスを生み出す強いモチベーションを維持できる秘訣の一端を知りたくて、彼の記者会見の一言一言に注意深く耳を澄ました。記者はモチベーションについて直接質問したわけではないが、50歳まで米国で現役を続けられるのかとの質問をきっかけにイチローが語ったモチベーションの真実に耳をうたがった。イチローにこの偉業を達成せしめたモチベーションの源泉とは、過去に笑われた雪辱を果たしたいという怒りにも似た強い感情であるというのだ。

「僕は子供の頃から人に笑われてきたことを常に達成してきているという自負はあるので、例えば小学生の頃に毎日野球を練習して、近所の人から『あいつプロ野球選手にでもなるのか』っていつも笑われてた。だけど、悔しい思いもしましたけど、でもプロ野球選手になった。何年かやって、日本で首位打者も獲って、アメリカに行く時も『首位打者になってみたい』。そんな時も笑われた。でも、それも2回達成したりとか、常に人に笑われてきた悔しい歴史が僕の中にはあるので、これからもそれをクリアしていきたいという思いはもちろんあります」

〔イチロー〝ローズ超え〟日米4257安打　会見全文「僕が持ってないはずない」(Full-Count) より引用〕

イチローほどの世界で超一流のパフォーマンスを発揮できるアスリートが達成した偉業の根底にあるモチベーションが、何十年も前に自分の夢を笑った人を見返してやりたいというネガティブなものであることには正直大変驚いた。現代はポジティブ心理学が全盛の時代だ。メンタルトレーナーは「ポジティブな感情がゲームでは高いパフォーマンスを引き出す」とアスリートに教え、自己啓発セミナー講師は「自分自身のことよりも他人のことを思いやる気持ちが、結局は大きな社会的成功につながる」と迷える社会人に教える時代だ。

欧米では仏教の瞑想を取り入れたマインドフルネスがグーグルやマイクロソフトなどのＩＴ企業を皮切りに大盛況。瞑想の呼吸法を利用し、人の気持ちを〝今ここだけのこと〟で満たすマインドフルな状態に持っていけば、心の平安とより高い仕事の生産性が達成できるらしい。

しかし人の心の中にはポジティブな感情もあればネガティブな感情もあるのが普通だろう。最新の心理学研究が明らかにしたように（Killingsworth et al. Science, 2010）、何もしていないと気持ちはさまざまな方向に放浪していくが、健康な人でも大抵の場合は心配事などネガティブな思考に傾いていく。また日本人は欧米の人々に比べてネガティブな感情に支配されやすい。How are you？（調子はどうですか）と聞かれれば、Great！（最高だ）と無理して元気を演じるのではなく、良いこともあるし、悪いこともあると無難に答えたいのが本心であろう。

ここでは、学部生Gさんのようなネガティブな感情が研究者の活動のさまざまな面で決定的な役割を果たしている可能性について説明し、その感情を押し殺すのではなく、そのまま生産的で創造的な活動につなげていく生き方について考える。

理性は感情の奴隷である

イギリスの哲学者デビット・ヒュームは「理性は感情の奴隷である」と語り、道徳的な判断など人生の重要な判断を下す心のプロセスでは、常に感情が主役で理性は脇役でしかないと考えた。感情は「そもそも何をするのか、やるのかやらないのか」など行動の根本的な方向性を決定する。一方、理性は「それをどう実行するのか」のように感情が下した判断が現実的に実行可能なように最適化する局所整備の役目を果たす脇役でしかない。感情とは情念や情熱などのパッションのことで、合理的な理由がはっきりとは説明できないような強い気持ちが人の行動の全体的な方針を決定するというのが、ヒュームの考える人間の行動原理の本質だ。

人生の重要な分岐点に差し掛かり2つの道から1つを選ばなくてはならないときがある

とします。例えば仕事Aと仕事Bのどちらを取るか、大学Aと大学Bのどちらに行くか、またAさんBさんのどちらと交際するのかなど、単純化された二者選択を迫られたとしよう。こんなときにあなたはどうやって選択を下すだろうか。

例えば米国建国の父ベンジャミン・フランクリンの編み出した〝合理的決断法〟をまねて、選択肢Aと選択肢Bそれぞれの長所と短所をあげ、長所の数と短所の数を差し引きし、正味で長所の数の多い方を選ぶ〝合理的選択〟をすることで納得のいく判断が下せるだろうか。

考慮する長所と短所の重要性はそれぞれ違うので、単なる差し引きでは納得いく判断を下せないだろう。それなら今度はそれぞれの長所と短所に重みづけをしてはどうか。重要度に応じて10から1までの係数を乗じて、重みづけするのだ。選択肢Aと選択肢Bの重みづけした長所と短所の総得点を計算し、選択肢を比較検討するのはどうだろうか。これもうまくいく可能性は低い。そもそも重みづけのための係数を決定するのが簡単ではない。例えば、仕事を選ぶときに給料には係数8×を、通勤時間の短さには係数4×を、福利厚生には係数2×を乗じて計算し、その点数の多い少ないで判断を下すことができるだろうか。

就職や転職などのキャリア選択や交際相手を決めるなど、判断基準を定量化することが難しい問題では、やはり最後は直感とか、総合的判断とか非合理的なアプローチをするしかないと思う。最後は結局、総合的に考えて自分がやりたい方を取るという風に感情に頼ることになるのではないか。現実の世界でおこる意思決定は簡単に数値化できないので、論理的に説明のできない強い感情が意思を決める。理性が「感情の奴隷」たるゆえんはここにある。

人生に重要な意思決定を論理性だけでは下せないもう1つの原因が、判断を下す根拠となる多くの将来的な要因が不確定であることだ。特にキャリア選択や交際・結婚相手の選択では、将来に大きな影響があると考えられても現時点ではほとんど予測できないような因子が多くかかわっている。不確定要素が大きいために、将来的に最良の結果をもたらす最適な選択肢は事前に科学的に予測できない。

いくら論理的に考えても最適解にたどりつかないことがすでに分かっている判断では、「選択をしない」という第3の選択肢もある。「選択肢A」、「選択肢B」、「どちらも選択しない」の単純化した3つの選択肢のうちの1つを選ぶときには、合理的な理由で選択するのは不可能で、人は感情という強い情念に任せて決定するしかないのだ。

感情が弱い人はどうすれば良いのか?

ここで、あなた自身のことを振り返ってみて欲しい。あなたが今の仕事を選んだ理由は何だろうか。例えば子供の頃からの憧れであったお医者さんになったとか、考えるのが好きだから研究者になったとか、人と話すのが好きだから接客業についたとかさまざまな理由を挙げることができるかもしれない。あなたがもし学生であっても、今の進路を選んだ何かしらの理由があるはずだ。

もっともに聞こえる場合もあるが、だからといって、その理由が真の理由とは限らない。理由の多くは実は後づけである場合が多いからだ。当人も最初の頃は後づけであることを意識していたのかもしれない。しかしその理由を答える経験を数多くすると、そのうち自分で自分を騙す自己欺瞞に陥り無理矢理後でつけた理由があたかも、本来の理由であったかのように記憶を改変してしまう場合がある。

繰り返しになるが、論理性や合理性だけで決着をつけることのできない人生の重要な問題に決断を下すのは感情だ。感情の力が十分に強い場合には、理由は分からず、将来が不透明でもえいやー!っと決断を下すことができる。理由は分からないが自分が好きなものが明確な人は、感情が十分に強い人だ。そういう人は理由を明確には説明することはできないかも知れないが、目的意識がハッキリしている。

そもそも感情が下す決断に、論理的な説明をつけることはできない。しかし後づけで決断の理由をいろいろと考え出し、それを説明すれば周りからの共感を調達することには利用できる。理由のつかない決断よりも、理由とセットになった決断に一般の人は共感しやすいからだ。たとえその理由が下した決断と真の因果関係を持ったものでなくとも、周りからの共感があれば、本人の決断は強化されポジティブなフィードバックがかかるので、信じて突き進むことができる。

それでは、えいやー！っと意思決定を下すほど感情の強くない人が、人生の重要な選択に直面したときにはどうすれば良いのか。人生の価値判断の問題は合理性だけでは最適解を見つけられないので、感情の代わりに理性が判断を下してくれることはない。それなら感情の弱さを補う別の力が必要だ。

そこで、ここでは感情の弱さを補填する方法を2つ提案したい。第一の方法は、外部から感情の力を調達することだ。その単純な方法として、人の意見に従うことが挙げられる。

他人の意見を受け入れることとは、突き詰めれば他人の価値判断、つまり他人の感情に従うことになる。「○○だから～した方がいいよ」という他人からの意見は一見、論理性を装うこともあるかもしれないが、人間の価値判断の主体はいつも感情であり、論理性や理性はあくまでも感情が決めたことを正当化するための脇役や奴隷なのだ。

第二の方法は締め切りや時間切れの力を借りることだ。重要で挑戦的な決断を下すには常にストレスがかかる。挑戦的な判断には失敗のリスクがつきまとい、失敗したときの落胆や責任への恐怖感からくるストレスは大きい。失敗する恐怖感に打ち勝ち、挑戦を実行するには強い感情のエネルギーが必要だ。感情の力が不足し、決断できずに時間を浪費すれば、状況が変化して選択肢の幅が狭まり、結果的にある1つの選択肢を選ばざるをえなくなる。

例えば2つの仕事のオファーがあって、仕事Aにするか仕事Bにするか自分では決めきれずに迷っているうちに、別の人が仕事Aを取ってしまったり、仕事Aのオファーの有効期限が切れてしまい、結果的に仕事Bしか選択できなくなり、実際Bを選ぶという具合だ。積極的には選択をしていないが、決断を先延ばしにした結果、受動的に選択したことになる。感情の強度では決められない場合には、このように押し切られるようにしてある選択肢を取らざるをえない状況も、現実には多々存在すると思う。

感情の力が不足すれば重要な決断は先送りになり、人生は停滞し時間は浪費される。しかし時間が浪費される過程でいくつかの選択肢が人生から消え去り、結果的に残った唯一の選択肢を取る決断が受動的になされ、また人生が前向きに進みはじめる。

イノベーションを生み出すのも情念である

経営コンサルタントの大前研一氏によれば、日本で経済が好循環せずデフレになる理由の1つが、消費や投資を牽引する欲望が枯渇していることが挙げられるそうだ。欲望には好奇心も含まれる。好奇心は理屈ではない。あるものが好きだという気持ちを、合理的に説明することは難しい。感情とか情念により好き嫌いがまず決定され、その後でその決定を合理的に説明したように見せかける理由を必要に応じて理性が捏造するのだ。

好奇心はイノベーションとも密接な関係にある。イノベーションは技術革新と邦訳されることが多いが、あまりにも狭義な解釈であると同時に、その本質を見誤っている。イノベーションとは既存のものを複数組み合わすことにより、別々では見えなかった新たな価値を生み出す経済学的な希少現象である。イノベーションは大きな経済的価値を生み出し、デフレに悩む現代に経済成長をもたらす要と考えられるので、多くの企業がイノベーションを体系的におこす方法の探求に躍起になっている。

しかし現在までのところイノベーションをおこすべくしておこす方法は開発されていない。トライ&エラーを繰り返すことでイノベーションをおこす確率を少しだけ上げることは可能かもしれないが、必ずイノベーションをおこす成功の法則や公式は発見されていない。イノベーションはアノマリー（突然変異）的性格を持つので当然かもしれない。イノベーションとは科学的で論理的に説明できる現象ではなく、むしろ行動経済学的な希少現象であり、経済消費主体である人の価値判断つまり感情が大きくかかわる。イノベーションをおこすには感情や好奇心が必要だ。

ネガティブな感情に背中を押してもらう

怒りのようなネガティブな気持ちは、普段は怖気づいて取ることができないような非常に強いリスクも、勢いで取らせる効果がある。冷静なときには失敗する恐怖を乗り越えることは簡単ではないが、怒りは人のリスク感受性を低下させる。普段は失敗することが怖くてできないような行動でも怒りにまかせて一気にやってしまう。これは良い結果だけでなく、悪い結果も当然生むだろう。しかし「失敗を恐れて行動しないことが長期的に考えて最も問題である」とは元米国大統領候補のリンドン・ジョンソン氏の言葉であるが、失敗を恐れて行動しなければ行動する前にすでに負けていることもあるのだ。

人はどうしてリスクを取って挑戦できないか。その原因の1つが将来の失敗した場合の痛みを過剰に事前評価してしまう〝杞憂効果〟だと考えられる。挑戦して失敗したときの実際の痛みは、挑戦する前に恐れていたほど大きくはない。失敗するのが怖くてできなかったが、何かの拍子で挑戦してしまい、結局は失敗してしまう。しかし、失敗してもそれほど大事にならないことが判明して、こんなことならずっと前に挑戦していれば良かったと思う経験はないだろうか？ 私にはある。

杞憂効果は人間的成長のチャンスを奪う

あなたがもし「杞憂効果で失敗が怖くて行動できず」↓「何かの拍子に偶然に挑戦」↓「失敗するがたいした痛みなし」という経験をしているなら、とても幸運で勇敢だ。チャレンジすれば本当に大失敗して大変なことになる場合もないとは言えないが、命まで取られることはないだろう。そうであるなら失敗から得られる貴重な教訓を学んだ後でも、再チャレンジはできる。失敗してもその痛みが事前に予想していたほど大きくないことが分かれば、失敗の痛みよりも、挑戦することができた充実感への期待の方が大きくなる。たとえ失敗しても落胆を一時的に味わうことはあるかもしれないが、時間が経つにつれ落胆や後悔の念は薄まっていき、後にはチャレンジしたことの充実感が残る。なぜならその挑戦から学んだ教訓が将来的に役に立つと感じられるときがやってくるからだ。

あのとき怖がらずにやってほんとに良かったなと思える日が必ずやってくる。実際にそうであったかというのを検証することはできないし、その必要もない。必ず主観的にそう思える日がやってくることが人間的成長の証なのだ。

杞憂効果で失敗の痛みを過大評価してしまい、何もしないでみすみすチャンスを逃し続ければ人間的成長はなく、チャレンジ精神はじわじわと確実に朽ちていく。杞憂効果は成長を阻害するのだ。しかし怒りというネガティブな強い感情は、好奇心という強いポジティブな感情以上にリスク感受性を低下させるので、杞憂効果を無効にしてチャレンジを後押しする。

創造性の高い結果を出せるようなハイリターンの仕事は、当然ハイリスクでもある。またイノベーションにつながるプロジェクトの陰には、数多くの日の目を見ない失敗プロジェクトが横たわっている。計画をよく練り、リスクを分散したり、バックアッププランを徹底的に考え、プロジェクトの成功率を高める努力は必須であるが、それでもかなりのリスクが残る。この時点で多くの人は杞憂効果によりリスクを過大評価してしまい、挑戦をしないだろう。そうすれば失敗しないかもしれないが、創造性を発揮する機会は失われ、イノベーションもおこらない。そして学びや成長もない。理性に背中を押してもらうのは難しい。しかしたとえ怒りのようなネガティブな情念でも強い感情であれば、背中を押す重要な役目を果たせるのだ。

ネガティブな感情が人を動かす

ポジティブな感情である好奇心がイノベーションや生産性向上に重要であることは言うまでもないが、文学や哲学が示すように、ポジティブな情念よりもネガティブな情念の方が強く、長続きする。ポジティブな感情である喜びとネガティブな感情である怒りはともに強いインパクトを持つ動機づけ因子だが、怒りはより強く、より長く継続する。例えば冒頭のイチローのインタビューにもあるように、子供の頃に夢を嘲笑された雪辱を果たしたいという怒りは、その後30年以上持続し、世界で活躍するためのモチベーションとなっているのだ。

また大方の予想を裏切り２０１７年1月に第45代米国大統領となったドナルド・トランプ氏は、２０１１年4月にワシントンＤＣで開催された大きなディナーパーティーの席で屈辱的な体験をしていた。先にＴＶで自分が批判した当時の米国大統領バラク・オバマ氏によって、その仕返しとして公の場のスピーチで徹底的に侮辱されたのだ。このとき味わった屈辱というネガティブで強い感情が、トランプ氏が何年にもおよぶ長く辛い大統領選挙を戦い抜く原動力となったと、米国の権威あるドキュメンタリー番組 Frontline は結論づけている。

理由を合理的には説明できないが何かを達成したいという強いポジティブな感情が、自らの内側から湧き上がってくるのであれば、人生の大きな選択をするときにはそれに従うのが良い。世間的に見て良い結果を生むかどうかは分からないが、人は内側から湧き上がる情念に従わないわけにはいかないだろう。ただ現実にはそのような強力なポジティブな内発性を持った人は多くない。今の日本では、好奇心は最も希少なリソースの1つだ。

好奇心が欠乏しているからこそ、何をしたいか自信を持てず、本当にしたいことはここにはないと、いろんなところを探し歩く。しかし、人はポジティブな情念もネガティブな情念も同時に持っているはずだ。やりたいことをいくら探しても完全にフィットするものが見つからないときには、逆にネガティブな情念に目を向けてみよう。あなたは人に打ち明けるのは控えているかもしれないが、ネガティブな感情に突き動かされてはいないだろうか。人間のモチベーションの源泉はクリーンでポジティブなものばかりではない。コンプレックスや、後悔や罪の意識、そして鬱積した怒りは人を動かす大きなモチベーションとなることをイチローやトランプ氏に見たが、これは多くの社会的成功者に言えることではないか。

高いパフォーマンスを発揮している人のモチベーションは、実際はかなりねじれていることが多いと思う。イチローやトランプ氏のような有名人を例に出さなくとも、私の身近にいる凄い研究者や起業家たちは、何らかのコンプレックスをバネにして、ひたすら努力を重ねてきた人が多い。若いときに女性にもてなかったコンプレックスを糧にして、人並みはずれた努力を重ね社会的に成功したと思える人を何人も知っている。彼らは、背が低いとか、外見が良くないとか、運動神経が鈍いなど自分の努力では変えることのできないことが原因で、女性にもてなかったと思い込んでいるので、自分の得意な勉強で頑張って高学歴を手に入れ、社会的成功へのきっかけを手に入れた。

でも実際には周りの人たちは、その人の身長や、外見や、運動神経などあまり気にしていなかったのではないか？ もてなかったのはおそらくその人が自分はもてないと思い込んでいたからだろう。これこそ合理的に説明できない強いネガティブな情念だ。イチローにしても、周りが彼の夢のことを本当にどれほど嘲笑していたかどうかは怪しいと思う。しかし事実などいまさら証明しようがないし、この際関係ないのだ。大切なのは、情念が生まれ、それが人を動かしたということだ。

大学教授の中にも学生時代に授業にはあまり出ず、試験も軒並み不合格で、成績も良くないどころかかなり悪い人が何人もいることを知っている。学生時代に勉強せずに基礎ができていなかったために、社会に出てから苦労した人は多い。その辛い経験が、あのとき勉強しておけば良かったという強い後悔の念を生み出し、その情念を糧にして一生懸命勉強して学問の世界で成功した人もいる。コンプレックス、後悔、怒りを心に抱えることは苦しいが、もしその苦しみに耐えられる心の強さがあるのであれば、これらのネガティブな情念を糧に生産的な活動へのモチベーションを高められる。

反面教師さえも自分の成長の糧に

ここまで見てきたように、ネガティブな感情の多くは、他者との間、あるいは他者と比較する自分の内なる精神から生じる。そうであるならば、その他者へのネガティブな情念を利用しない手はない。あの人のようになりたい、あの人のように振る舞いたいと願う手本になる人物（ロールモデル）が、あなたの身近にはいるだろうか。答えがイエスならば実に素晴らしいことだ。具体的なロールモデルを意識することは、自分を高めたいという強いモチベーションを生む。しかしもし自分のロールモデルがあまりにも手の届かないほど大きく遠い人物であるならば、いくら努力しても結局あの人のようにはなれないと諦めてしまい、行動に直接つながる強いモチベーションを調達できない。

それでは逆に、この人のようには絶対になりたくないという反面教師（アンチロールモデル）となる人はいないだろうか。こちらの方がむしろ見つけやすいかも知れない。あの人ようにはなりたくないので努力して頑張るというネガティブな情念は、コンプレックスや後悔、怒りと比べれば少し弱いかもしれないが、この情念もまた動機づけに使うことができる。他人へのネガティブな感情を動機づけに使うことは健全な方法ではないと思われるかもしれない。差別的な表現を意識的に別の聞き心地の良い言葉に言いかえる政治的正しさがますます要求される今の世の中では、この人のようになりたくないという反面教師を公言することは〝自主規制〟した方が賢明かもしれない。

しかし世の中は綺麗事ばかりで動いているわけではない。冒頭で取り上げた学部生Gさんのように、自分の上司（教授など）との間に人間関係の問題を抱え、上司を尊敬できずに日々悶々と過ごしている人は少なくない。そのような場合には、尊敬できない上司をアンチロールモデルに位置づけ、ネガティブな強いモチベーションの源泉として生産性向上に貢献してもらうことを試してみる。そうすることで、あれだけ嫌いで自分にとって無価値な存在と思われた上司に、あなたの人生における役目を与え、意味づけができる。

人生で出会う人にはすべて意味があると悟りの心境を経験できることはとても重要だ。耐えなければならない辛い状況を耐え抜くための心の糧になる。アンチロールモデルのようにはなりたくないと思うネガティブな情念は、いつか見返してやるという強いモチベーションとして、永続性のある生産的な行動を後押しするだろう。

精神を病まないネガティブな感情の活用法

モチベーションを維持するために、ネガティブな情念を常に心の中に持ち続けることで精神を病み、たとえばうつ状態になるのではないかと心配するかもしれない。うつの病態生理に理不尽な怒りが関与していると考える人はいる。正論を言えば、ポジティブな気持ちもネガティブな気持ちも過剰になればさまざまな問題をおこす。心の中に怒りが過剰に持続することは精神衛生上良いことではないだろう。

しかし人の心の中には喜びも怒りも常に双方存在する。ネガティブとポジティブの双方が存在することをあえて正直に認めた方が良い結果を生むと思う。ある種のポジティブ心理学のようにネガティブな気持ちの存在を徹底的に否定するのではなく、双方の共存を許容する「Wholeness＝全体性の尊重」という考え方の方がむしろバランスが取れて精神的により健康であると思う。

自分の心の中にネガティブな感情があることが分かれば、それが怒りか妬みか、後悔か罪悪感かを分類し、またはコンプレックスの性質とその対象をはっきりと自己分析し、漠然とした存在を許容するのではなく、きっちりとネガティブな感情の正体を明らかにすることができる。心理学ではこのことをラベリングと呼び、ネガティブな感情の毒性を無力化する効果があると考えられている。ネガティブな感情は無意識下において制御不能にしておくよりも、意識下に持ち出しその正体をはっきりさせた方が無害なのだ。

ネガティブな感情を強い動機づけに使いたいのなら、漠然としたネガティブな気持ちのままでは効果が上がらないだろう。イチローのように、ネガティブな気持ちの正体をはっきりとラベリング（＝言語化）し、自分の成長の物語に組み込んでこそ、強力で持続するモチベーションにつながる。上司や研究指導者と折り合いがうまくつかずに悩んでる場合には、まず怒りを持っていることをラベリングし、さらにその怒りを反面教師として生産性に役立てていると意味づけを行えば、気持ちは晴れ、むしろ健康的になるだろう。気持ちが晴れてしまえばネガティブな情念や怒りのパワーが減弱して、生産性向上やイノベーションに向かう力が弱まるのではないかと過剰に心配する人がいるかもしれないが、それでも人間関係に足を絡め取られて動けず、生産性を発揮できない最悪の状態から抜け出すきっかけにはなるはずだ。

可塑性の高い時期に挫折を体験してみる

日本人には欧米で提唱されるようなポジティブ心理学はあまり馴染まないのではないかと私は感じている。ある時期、褒めて伸ばすことが教育上重要であると盛んに言われたが、その後の経済効果も含めた検証によれば、米国でさえ褒めているだけでは能力は伸びないということが分かってきた。褒めるだけではなく問題点を適切に指摘しフィードバックすることが大事だ。おそらく褒めて育つのはすでに優秀である一部の人だけである。盲目的に褒めるだけでなく、ときには叱り、相手の問題点を的確に指摘し行動の指針をフィードバックしなければ、大多数の子供には（そして大人も）自己改善や成長に向けた動機づけはおこらないのではないか。

研究者を志す人では、そもそも好奇心にドライブされたポジティブな感情ベースの動機づけができている場合が多い。初期の動機づけに続けて、持続した成長をするためには、しばしば何くそと思わせるような挫折の体験を、まだ可塑性の高いキャリアの初期に持つことが大切だと考える。そうしなければいつかは、失敗が怖くてそれ以上挑戦ができなくなるという成長の終止点に到達してしまうからだ。

失敗から学び、失敗を乗り越えるためには、失敗に付随するネガティブな感情を経験し向き合うことをとおして、生産的な方向に転嫁する術を学ばなくてはならない。これは必ずしも人から教えられることではなく、失敗が許される環境で試行錯誤によって身につけていくものだ。ネガティブな感情を実際に経験し、その感情を取り扱う試行錯誤によってしか、上手く扱う術は学ぶことができない。

このことは、Gさんのみならず、第1章で振り返ったEさん、Jさんにも言えることかもしれない。失敗をほとんど経験することなく免疫のないまま運良く成功を続ければ、続けるほど失敗したときの潜在的インパクトは大きくなり、そのうちに失敗することが怖くて、前には進めなくなる形で成長の終止点に達してしまう可能性がある。だからあまり大きな業績を上げる前に、落ちたら致死的になるほど高く昇る前に、一旦失敗して免疫をつけておくべきだと思う。ネガティブな感情は、その過剰反応によりトラウマさえおこさなければ、非常に優れた免疫になるはずだ。

まとめ

- ネガティブな感情や情念は強い行動のドライバーである。社会的成功をおさめている人には、ネガティブな感情をバネに働くモチベーションを強力に維持している人も多い。
- ネガティブな感情や情念はリスク感受性を低下させ、ハイリスク&ハイリターンな選択を可能にし、創造性やイノベーションを促進する力がある。
- ネガティブな感情はその正体をはっきりとラベリング（＝言語化）すれば、トラウマを引き起こすような精神に対する毒性は減じる。

第3章

研究者は営業職。視点を切り替えよう

――研究室内の上司-部下の関係を良好にするための方法

研究者は営業職。視点を切り替えよう

——研究室内の上司-部下の関係を良好にするための方法

教授が他の学生をひいきして、自分は気に入られていないと悩む大学院生Bさん（ケース2）と、指示がコロコロ変わる上司に不満を持つ企業研究者Cさん（ケース3）に向けて、チョークトークを切り口に、上司との人間関係の対処法を新しい視点から考え直すことを試みる。まずは私のチョークトーク経験をお話しする。

ファカルティーポジションの面接@ロチェスター

2000年代の某月某日

私は米国ニューヨーク州の北部にあるロチェスター市にいた。ロチェスターは世界ではじめてカメラのフィルムを販売したコダックが本社をおくことで有名である。この地にキャンパスを構えるロチェスター大学は米国での有名中堅リサーチユニバーシティーだ。私はロチェスター大学医学部でのファカルティーポジションのジョブインタビューに招待されたのだ。

昨日ボストンから飛行機でロチェスター空港に降り、実のところ今日はインタビュー2日目である。昨日の午後は大講堂でのリサーチセミナーでプレゼンテーションをした。これまでの研究成果について1時間の講演をし、夜は近くの洒落たレストランでディナーをとりながら、選考委員会の教授たちと話をしたのだった。

昨日と打って変わり、今日は10人ほどが入れる小さなカンファレンスルームが会場だ。私の目の前にはテーブルが四角く並べられ、その中心部にはランチケータリングのサンドイッチとカットフルーツそしてコーヒーとペットボトルの水が並べてある。この部屋にもスライドを投影するプロジェクターとスクリーンがあるが、プロジェクターの電源は入っていない。部屋の照明は明るいままである。そして私の後ろにはホワイトボードがある。

ここがチョークトークの会場だ。私以外にはこの部屋に何人かの教授陣と数人の若い研究者がいるだけである。昼食をとりながら声と身振りとホワイトボードを使い、ポジションをオファーされたならばここでどのような研究を立ち上げるのか、そのためにどのように資金を調達するのかについてのプランとビジョンをプレゼンし、採用の投票権を持つ選考委員会の教授たちの質問に答え、彼ら・彼女らを説得しなくてはならない。

チョークトークで若い研究者が最もよく犯すミスが、好印象を与えようとついつい多くのことを提案してしまう"Too ambitious"の罠だ。相手は百戦錬磨のベテラン研究者たちである。若い研究者があれやこれやと複数のことに手を伸ばせば、本当に重要なことに専念できずに集中力散漫となり、結局失敗することをよく分かっている。

横への広がりよりも深さが鍵だ。そう、キーワードは"Focused"。ボストンでメンターにそう教えてもらったので、私の今日の研究提案はたった1つのことに焦点をあわせる。そしてこのメインプランが万一頓挫したときのためにバックアップのプランBを用意しているので、後半で披露し用意周到さをアピールする予定である。また今日出席する教授たちの研究分野は事前調査し、最近発表された論文も読み込んできたので、私の研究や技術が彼ら・彼女らにいかに利益を与えるかも明確に提案する用意ができている。

チョークトークではリサーチセミナーのように確固としたシナリオはないので、出たとこ勝負と即興性を要求される場面もあるが、質問には決して「I don't know」とは言わない。知識を問われているのではない。答えのない質問にいかにアプローチするか、その振る舞い方を評価されるのである。パニックに陥ったり、黙ってしまうのではなく、建設的な現時点での暫定解を提示すればよい。それで相手の質問に付加価値をつけて返す能力をアピールできる。ディスカッションとコミュニケーションの流れを廻すのが大切だ。そうすれば場の雰囲気は良くなり、〝顧客〟の感情にポジティブに働きかけられる。……今から私のチョークトークがはじまる——。

チョークトークの目的とは何か？

米国のファカルティーポジションの面接では通常2回プレゼンテーションをしなくてはならない。1日目がリサーチセミナー、2日目がチョークトークだ。リサーチセミナーは今まで達成してきた成果（データ）をパワーポイントでプレゼンテーションするが、チョークトークではPIとしてこれからやりたいこと（プラン）について、黒板にチョークで書きながらアピールする。

チョークトークで高く評価される魅力的なプランを作るには、関連する先行研究を詳細に分析し、自分が参入するニッチを見つけ出す高い分析能力と、魅力的な研究仮説を立てるイマジネーションが必要である。あらかじめ作成したパワーポイントのスライドの流れに従いプレゼンテーションに専念する形式のある（＝Structured & formal）リサーチセミナーと異なり、自由に討議する形式（＝Unstructured & informal）なチョークトークでは即興性が重視される。黒板にチョーク1つで筋書きのないドラマを展開しながら、どんどん飛んでくる質問にうまく答える即興力と瞬発力を磨くことは、人生のさまざまな場面に大切であろう。リサーチセミナーは研究成果と業績を披露して「私はこんなにすごいんです」という自慢である一方、チョークトークでは私はこんなことがしたい／できるという能力自慢の自己アピールだけでなく、それ以上に雇ってくれたら、「あなた方にこんなメリットがありますよ」という〝顧客のために〟という視点に立ってプレゼンテーションしなくてはならない点が大きく異なる。

さて序章で教授が他の学生をひいきし自分は気に入られていないと悩む大学院生Bさん（ケース2）と、指示がコロコロ変わる上司に不満を持つ企業研究者Cさん（ケース3）

に「教授や上司の行動原理を理解せよ。あなたは〝営業職〟なのだから、評価されたければ顧客第一で行動せよ」と「みんなセールスマン問題」の観点からアドバイスした。ここではチョークトークを切り口に、上司との人間関係の対処法を新しい視点から考え直すことを試みる。

「過去の成功者」は「将来の成功者」か？

ジョブトークの目的とは新たなファカルティーメンバーのリクルートだが、その意図するところは将来高いパフォーマンスを示し、またこの学部の新メンバーとして他のメンバーともコラボし、直接的あるいは、間接的に知的なリソースの構築に貢献できるタレント（才能と能力のある人）を見つけて雇用することが目的だ。将来的に高いパフォーマンスを示せるポテンシャルがあるかを見るのが本務だ。

しかし、ファカルティーの新規採用では、候補者の「将来性」を評価するのに「過去」の論文業績を重視する。これにはどんな理由があるのだろうか？ その理由は過去に高い論文業績を上げた人は、将来も高い確率で高い業績を上げる才能・能力を持つと考えられるからである。しかし、過去の業績にどの程度将来のパフォーマンスを予測する力があるかは議論のあるところだ。過去の環境における役割（例：ポスドクや助教）でいくら大きな業績を上げても、将来新たな環境で新たな役割（例：ＰＩやグループリーダー）として異なるプロジェクトに取り組んだ場合に、同じように高いパフォーマンスを発揮できるとは限らない。

ポスドクや助教としてフォロワーの役目で研究プロジェクトを担当する場合と、ＰＩとしてリーダーの役割で研究プロジェクトを指揮する場合では、要求される能力やスキルセットは大きく異なる。さらにたとえ務める役割がほぼ同じであったとしても、環境が変われば同じようにクリエイティブな活動が続けられるかどうかも保証はない。なぜなら研究する能力は、研究設備やサポートスタッフなどのインフラや物理的なリソースに加え、近くの共同研究者の存在や、キャンパスで行われるセミナーや口コミでの情報などの知的環境にも大きく影響を受けるからだ。新天地に移れば、物理的環境も知的環境も変わるので、刺激されて新たな良いアイデアが出る場合もあれば、逆に創造的な考え方に邪魔が入る場合もあるかもしれない。

ポスドク時代に大きな業績を上げた人が、独立後もほぼ同じテーマを研究しているにもかかわらず、まったく成果が上がらないこともしばしばおこる。フォロワー時代の業績と、リーダーとしてのパフォーマンスが期待しているほど相関しないことがおこる原因の1つが「平均への回帰」という少々理解の難しい統計現象だ。以降にさっくりと説明する。例えば、まずノーベル経済学賞受賞者ダニエル・カーネマン氏が信じる

成功　＝「才能や能力」＋「幸運」
大成功＝「少しだけ多くの才能や能力」＋「たくさんの幸運」

という「カーネマンの公式」を使って考える「Thinking, Fast and Slow」(邦題：「ファスト&スローあなたの意志はどのように決まるか?」、早川書房)。

この公式はゴルフなどの運や状況に大きく影響される多くのプロスポーツゲームに当てはまる。そして、Cell、Nature、Scienceなどハイインパクトファクタージャーナルへの論文の掲載を競い合う〝研究者個人の業績ゲーム〟にもおそらく当てはまると思う。

例えばゴルフは4日間のスコアの合計を競い合うゲームであるが、初日に素晴らしいスコアを出した選手は、2日目にはそれほど大したスコアを出せない場合が多い。スポーツ解説者はこの現象に無理やり意味を見つけ出し、初日好成績のプレッシャーから2日目は

調子を崩したともっともらしくストーリーを口にする。もちろんこれが本当かもしれないが、統計学的にもっともらしい解釈は、初日はたくさんの幸運に恵まれ好スコアを出したが、回数を重ねればスコアは平均値に近づいていく（平均へ回帰する）のが当然である。非常に良い成績を出した後は、平均的なスコアを出す確率が最も高く、それが現実におこったにすぎない。

これと同様に研究者個人も（統計的に確率の低い）素晴らしい業績を出した後は、（統計的に確率の高い）平均的な業績に落ち着く可能性が最も高い。「大成功（ハイインパクトファクタージャーナル論文）＝少しだけ多くの才能や能力 ＋ たくさんの幸運」である限り、〝たくさんの幸運〟の影響が大きいため、短期の論文業績だけを見て才能や能力を推定することは無理があるのだ。

短期に出された業績は運に左右される部分が非常に大きい。10年以上にわたりコンスタントに出された業績ならば、才能や能力をより反映しているとみなされるであろう。米国ではポスドク時代のわずか数年間の業績を武器にＰＩに応募する場合が最も多いので、研究業績だけで判断するにはリスクがある。そこで、独自の研究プログラムを立ち上げ、競争的資金を獲得し、研修室を運営する独立した研究者としてのポテンシャルを見極めるためにチョークトークがある。新天地で独立して研究を計画し実行できるポテンシャルがどれほどあるのかを評価するのがチョークトークの目的だ。単純化すれば、過去の強い研究業績の評価がジョブインタビュー初日のリサーチセミナーでなされ、優れた研究プランの提示ができるかどうかの評価を2日目のチョークトークで行うのだ。

研究者が避けて通れない〝非典型的営業活動（売らないセールス）〟

チョークトークではチョークは使わない。昔は黒板に向かってチョークで書きながらプレゼンテーションをしていたのでこの名前があるが、現在ではホワイトボードに水性ペンで書くのが主流である。また最近ではパワーポイントとプロジェクターを使って行うところもあるようだ。リサーチセミナーはキャンパス内で公開されていることが普通なので、学生やポスドクも自由に参加できるが、チョークトークは選考会議のメンバーと主要なファカルティーだけが出席できるので、留学経験者でもチョークトークを見たことのある人、経験のある人はそれほどいないかもしれない。

私はファカルティー候補者としてチョークトークで評価される側の経験と、ファカルティー選考員会のメンバーとしてチョークトークで候補者を評価する側の双方を経験している。チョークトークはお昼の時間に行われることが多く、サンドイッチ、サラダにフルーツなどフリーランチが提供される。自分がチョークトークをする側のときには、サラダとフルーツを少し口にするぐらいであったが（まったく食べないと極度に緊張していると思われ、印象が悪くなる）、逆の立場のときにはついおなかいっぱい食べてしまう。

チョークトークではどのようなことを語れば良いのか考えてみよう。チョークトークはベンチャー企業を立ち上げるときに資金を調達するために投資家に向けて行うプレゼンテーション（＝ピッチ）とよく似ている。私はボストンにいるときにみずからが創始者となってベンチャー企業を立ち上げるために、MBAをもつCEO候補とともにビジネスプランを作り、ボストンやケンブリッジの投資家を回り資金集めのプレゼンを何回かした経験がある。チョークトークの本質は、「私は素晴らしいアイデアとそのアイデアを実現する能力を持っていますので、ぜひ投資してください」というセールストークだ。

アカデミアの分野に話を戻すと米国のファカルティーのポジション（大学教員職）では、研究費と人件費あわせて通常1人当たり約5千万円～1億円のスタートアップ資金を雇用主である大学が準備してくれるのが（バイオ系の研究では）普通である。このお金を使って数年以内に強い研究プログラムを確立し、政府よりグラント（研究費）を獲得すれば、年間何千万円という間接経費が大学に入るので、大学は5年、10年というタイムスパンで初期投資を回収できる計算となる。チョークトークでは自分は投資に見合う資質と能力を持ち、投資を十分に回収できる〝優良物件だ〟ということを選考委員会のメンバーに説得しなければならない。

プレゼンテーションの目的は状況により当然大きく異なる。学会やリサーチセミナーでのプレゼンテーションでは、自分の研究成果や結果（過去に達成したこと）の内容をよりよく理解してもらうことである。しかし、チョークトークの場合は自分の研究計画をよく理解してもらうだけでは不十分だ。よく理解してもらうことは前提条件であるが十分条件ではない。

本丸は自分に総額5千万～1億円の投資をしてもらう決断を下してもらうことだ。チョークトークに出席している選考員会のメンバーはあなたの顧客だ。そして顧客に投資の決断という行動をおこさせるのが、チョークトークでのプレゼンの目的だ。顧客を説得してその行動を変えさせるのが営業職の仕事。特に商品やサービスに対する顧客の行動を「買わない（とりあえず待つを含む）」から「買う」へと変えさせるのが、典型的な営業職（セールス）の仕事だ。

具体的に物やサービスを売り込む典型的な営業職（セールス）はタフなイメージがある職業なので、多くの学生さんは敬遠するかもしれない。しかし、具体的に物やサービスを売り込むのではなく、顧客を説得してその行動を変えさせるという活動を含んだ非典型的営業活動（ノンセールス・セールス＝売らないセールス）は、典型的な営業職以外にもさまざまな職業・場面に含まれている。序章でふれた「To See is Human」の著者であるダニエル・ピンク氏によれば、米国の人口の9人のうち1人が典型的営業職に就く一方、残りの8人が何らかの非典型的営業活動を仕事の時間の40％にあてているという。もちろん研究者も例外ではない。研究という仕事をうまく行いたいのなら、かなりの時間を非典型的営業活動に割く必要がある。

顧客（上司）の攻略は最初のステップにすぎない

第一生命の行ったアンケート調査によれば、日本の社会人の4人に3人が職場の人間関係に悩み、その多くが上司との人間関係に悩みを抱えている。上司と部下の人間関係には教授、指導者、大学の先生らとの人間関係も含まれる。上司との人間関係に悩む部下の心の根底には、「上司は自分に指示や命令をする存在であり、自分は上司に従う存在である」という受け身の関係を自明と思い込むマインドセットがあるのではないか? そこに先述の売らないセールスの考え方を持ち込むことにより、自らが営業職として振る舞えば、「受身」から「先手」へとマインドセットが180度転換し、状況が大きく好転する可能性がある。

あなたと上司との人間関係に売らないセールスの考え方を応用すれば、上司はあなたの顧客となる。上司の命令を聞くのは、顧客の信頼を得て、顧客にあなたが望む行動をしてもらうためという積極的な意味づけができる。営業職であれば顧客からの要求はできるだけ叶えるように努力して、信頼を勝ち取るのは自然な行動だと理解できるだろう。

上司を顧客と考えた場合に、あなたが望む顧客の行動の変化とは、例えばあなたの評価を高くし、プロモーションにつながるように後押しをしてもらうことや、あなたの望むプロジェクトがうまくいくような何らかのサポートを引き出すなどが考えられる。広い意味であなたの人生と仕事がうまくいくようなサポートを引き出すことだ。

上司を顧客とみなし、顧客に焦点を当てて顧客第一に考えれば、日々の生活はとりあえずはより快適でスムーズになるかもしれない。しかしそれだけではスケールの小さい話になってしまう。直近の上司の攻略は最終目的ではなく、もっと大きな世界へと出ていくための最初のステップとしてとらえよう。上司はより広い世界に飛び出して評価をうけていくための第一歩でありゲートキーパーなのだ。もちろん今はさまざまなソーシャルメディアを通じ、従来のステップを踏まずに直接世界に発信することもできる。しかし大学や会社という伝統的な組織は上下関係をベースにしたシステムで成り立っているので、ヒエラルキーを意識して行動するのが賢明である。

組織ヒエラルキーの中で直属の上司や指導者の評価はとても重要だ。一見フラットな組織を好み個人の能力を重要視する米国でも直属上司（いわゆる〝先生〟も含む）の評価は、就職、転職、昇進や大学、大学院入試にいたるまで大きな影響力を持つ。米国では就職や転職また教授職への応募では、今まで一緒に働いた上司や大学での指導者による推薦状が日本以上に大きな力を発揮する。米国の場合の推薦状は数ページにおよぶ長いものが必要で、その内容も具体的な強みと、場合により弱点を指摘した詳細なものが良しとされる。推薦状の評価が低ければ、職は得られないしプロモーションも見送りになる。米国でも日本でも、直属の上司の評価が自分がより広い世界へと打って出るためのゲートキーパーであり、上司の行動を自分に有利な方向に変えるための売らないセールスの考え方を持ち込むことはとても重要だ。

顧客のインセンティブを刺激する

研究者は自分の好奇心にもとづく学問的貢献を通じて、社会から高い評価を得ることを目的とする。社会的評価と研究費獲得やプロモーションとは連動している。社会からの評価を得るためにはまず、ゲートキーパーとしての顧客を攻略しなくてはならない。

では、いかに顧客である上司の行動を変化させるのか？ 営業活動はセールスであれ売らないセールスであれ、その第一歩は顧客のニーズをよく知ることだ。研究者には自分の興味には非常に意識的で敏感であるが、他人の興味には無関心な人がいる。おそらくこれは研究者に限ったことではない。人の最大の関心事は自分であり、他人が自分のことをどう思っているのかには興味があるが、他人の興味にはそれほど興味がないのが普通なのかもしれない。好奇心旺盛な研究者はさまざまなトピックに興味を持つが、他人の好奇心にまで興味を持つ人は意外に少ないかもしれない。

しかし人は皆、他人が自分の興味に興味を持ってくれれば嬉しくなる。パーティーで初対面の人と会話を続けるコツは、相手の興味を探り出し、それに興味を示すことである。上司の興味、特に仕事上の興味や嗜好が何であるかを掴めば、行動原理やインセンティブ（行動をおこすときの内的欲求）の一端を理解できる。上司のインセンティブをうまく刺激する形で、あなたがやりたいことを売り込めば、「とにかく私はこれがこんなにやりたいのです」と自分の情熱や社会への重要性を強調しているだけの場合よりも、高い効果が見込めるはずだ。

例えば上司が何か大きなプロジェクトを担当しており、そのプロジェクト関連の資料やデータが欲しいのであれば、あなたがしたいことと上司が今望むことが少しでも交差する話題にアプローチしてみることで、顧客のインセンティブを刺激し、かつあなたのしたいことを促進させるWin-Winの成果につながる可能性がある。顧客の意向を先回りして信託し、潜在的な意向にあうようなデータを捏造することはあってはならないが、同じデータでもその意味づけや解釈に幅があるのであれば、上司のインセンティブを理解して仕事を進めることは、あなたの評価を上げることにつながる可能性が高い。

理屈で勝ってもしょうがない

ここで1つ注意しておきたいことがある。顧客（上司）を説得するときに、論理的に話を進めることが大切だと理解している人が研究者には多いだろう。しかし自分の主張を論理的に展開し、順を追って話をすれば相手を説得することができると信じているのはナイーブすぎる。論文や学会での科学的な議論では論理性が非常に重要であることは間違いないが、相手は論理的でない部分も内包した生身の人間であることを忘れてはならない。人間は感情で動く。良い悪いの判断や、行動をおこすおこさないの判断は、第2章で説明したように感情が主体で行われ、論理性を担当する理性はあくまでも脇役や奴隷でしかない。

人にかかわる重要な価値判断が感情主体で行われていることを考えれば、論理的に分かりやすく説明すれば、いずれ相手は理解して、こちらの望む行動をおこしてくれるという考えは捨てなければならない。論理的に攻めて論破して、相手をぐうの音も出ないほど打ち負してしまってもダメだ。理屈では分かるけどもそのようなことはしたくないと頑なに行動をおこさない人も珍しくはない。理屈では分かっていても行動を固辞する人は研究者や科学者にも珍しくないのだ。いたずらに相手を理屈で説き伏せることに集中するのではなく、相手の感情を意識した共感ベースのコミュニケーションの方法を積極的に取り入れよう。

誰だって〝安心して〟購入したい

論理性だけで顧客を説得できないのは、自らの購買行動を見てみればよく分かるはずだ。購買意欲をそそるような効果的な広告やコマーシャルは、商品やサービスの良さを詳しく論理的に説明することに終始することはない。効果的な広告やコマーシャルの多くはイメージ戦略や感情に訴えるようなさまざまなプロモーション戦略を取っている。コモディティー商品（他との差別化ができないような商品）は低価格が決定的に重要になるが、単純に他の物と比較できないようなスペシャリティー商品については、品質や機能スペックを詳細に説明しても、その領域の専門家でもない限り商品の良さを分析して理解することができない。詳細なデータを論理的に説明されればされるほど圧倒されて、精神的に疲れ切ってしまい、判断するのを諦め購入を先延ばしにしてしまう。

物があふれている時代に強力なインセンティブとなるのが「ストーリー」と「口コミ」だ。心に残るキャッチーなストーリーはソーシャルメディアを介して世界の多くの人に共有され、多くの人が所有し良いと評価する商品は安心して購入することができる。アマゾンのカスタマーレビューは顧客の購買判断に強い影響を与える。また少数であってもその分野の信頼できるエキスパートや目利きがすすめる商品はやはり安心して購入できる。

口コミや目利きのおすすめ情報は、研究者が売らないセールスを行ううえで非常に大切だ。研究者が最も売りたい商品は自分の研究成果や自分自身の資質・能力そのものである。そしてそれらは複雑な〝商品〟なので、スペックを説明するのがそもそも難しい。また安い買い物ではないので、顧客も失敗したくないという心理が強く、安心できる根拠がないと購入してくれない。

そのような場合には相手のインセンティブである安心して購入できるような口コミ情報や目利きの情報を提供すればよい。よって自分の能力や性格、人となりあるいは、研究内容そのものについて口コミ情報を提供してくれるような、昔の上司や指導者あるいは職場の同僚など信頼できる人から推薦状や電話などで一言声をかけてもらうと、あなたが今アプローチしている顧客に安心を与えることができる。多くの顧客は安心して商品を買いたいだけだということを理解しよう。

まとめ

- チョークトークでは過去の業績だけでは計り知れない候補者の将来性について360度評価が行われる。
- 顧客（上司や教授）を説得して行動を変えさせる非典型的な営業活動（ノンセールス・セールス＝売らないセールス）の考え方を取り入れることにより、研究者の人間関係を大きく改善する可能性がある。
- 上司を顧客と考え、そのインセンティブを理解し、安心して購入できるように必要な情報を効果的に提供する。

第4章

研究室での自分の立ち位置を分析してみよう

――PI原理主義に染まって視野が狭くなった状態を脱却する方法

研究室での自分の立ち位置を分析してみよう

——PI原理主義に染まって視野が狭くなった状態を脱却する方法

悩める若手研究者のケーススタディ（序章）で取り上げた、クラスメートのモチベーションの低さを嘆く医学生Hさん（ケース8）、ラボを立ち上げたばかりで、組織運営に悩む若手PI研究者Lさん（ケース12）に関係する話題として、本章ではチームで働くときに知っておくべきリーダーシップとフォロワーシップについて紹介する。まずは私の米国での経験談を聞いてほしい。

私がハーバード大学で昇進をリジェクトされた理由

私は２００３年にハーバード大学医学部でテニュアトラックのAssistant Professorになった。米国アカデミアの標準的なシステムでは、テニュアトラックのAssistant Professorは6年以内にAssociate Professorに、さらに次の6年以内にFull Professorに昇進するだけの業績を出し、ファカルティとして成長することを期待される。私はすぐに政府から競争的研究費R01グラントを獲得し、論文も数本発表したので、普通は6年かかるAssociate Professorへの昇進を、わずか3年で部門長が強く推してくれた。

そこで昇進を申請するための書類を数週間かけて準備し提出した。書類には業績集や、研究や教育に関するナラティブ（Narrative）と呼ばれる書類に加え、推薦状6通が必要であった。大学院の指導教官、ポスドク時のメンター、共同研究者から各1通ずつ、残り3通は利益相反のない同じ研究分野の著名な研究者を、過去の研究指導者や共同研究者から除いて選ぶ。この6人の研究者から2ページ以上の強力な推薦状を書いてもらわなくてはならない。グリーンカードの申請のときには12通の推薦状を用意したが、あのときは文面テンプレートがあり、内容は問題ではなかった。しかしAssociate Professorへの昇進の推薦状では、私がいかにIndependent Thinkerとしてクリエイティブな仕事をしているかを説明してもらわねばならない。推薦状の下書きを依頼する教授もいることは知っているが、このときは6人ともオリジナルな強い推薦状を書いてくれた。書類提出後しばらくは、「Motomu（私のこと）は昇進がとても早くてすごい」と周りに褒められ、いい気になっていたが、数カ月後部門長から電話があり、ハーバード大学の教授からなる審査員委員会で私の昇進がリジェクトされたと伝えられた。

リジェクトの理由は、当時の私が責任著者である論文の共同著者に、ポスドクのときの指導者の名前が入っていたことであった。ハーバード大学でAssociate Professorになるためには Independent Thinkerであることを示さねばならない。PIとして政府からグラントを獲得していること、責任著者として複数の論文を有名ジャーナルに発表していることが要求される。単に責任著者を示す＊（アスタリスク）が自分の著者名についているだけでなく、名前の位置もラストでなくては認めないらしい。

そして何より重要なのが、過去のメンターから知的かつ経済的に完全に独立していることの証として、共同研究者としてでもメンターは著者には入っていないことが要求される。

ポスドクのときのメンターであったハーバード大学のスプリンガー教授は研究の良き相談相手であり共同研究者でもあったが、それからの2年間はできるだけ連絡を取らないようにし、研究の相談もしなかった。疎遠にはなったが、なんとか彼の名前の入っておらず、かつ自分が責任著者である論文を複数出すことができ、２００８年には昇進が認められた。メンターに相談できないことは最初心細くもあったが、結果的に自分色のオリジナルな研究を発表することにつながった。

米国のPI中心主義

米国流の研究者育成では、Independent Thinker が人材育成のゴールだ。Independent Thinker を体現したポジションである Principal investigator（ＰＩ）として将来リーダーシップを発揮するためのトレーニングを行う。ＰＩはビジョン（＝研究するテーマ）を示し、研究計画を立て、ヒト（学生、ポスドク、テクニシャンや共同研究者など）／モノ（研究スペース、機器）／カネ（研究費、人件費）を調達し、研究チームを指揮して、成果（論文発表、特許、イノベーション創出）を出すのが仕事だ。ハーバード大学には若い研究者が世界中からたくさん集まり、その研究者たちは成果を出してPIを目指すことをキャリアの第一選択と考えていた。社交的な人が多く、表面は穏やかでも独立した研究者でなければ一人前の研究者とみなされないというPI中心主義をさらに進めた、PI原理主義的な気概を持った人がたくさんいた。30代であった私もPI原理主義的価値観に染まり、40歳までに独立することをキャリアの重要な目標にしていた。日本の医学部ではそれを実現できそうにないと感じていたので、米国に来たのかもしれない。

申請者がいかに知的かつ物理的・経済的に独立した研究者であるかがグラント（研究費）の重要な審査基準にあるので、PIでなければ高い評価を得ることは難しい。全米で数万人いるPIが成功率10～20%のグラント獲得にしのぎを削り、切磋琢磨する競争的環境を作り出すことで、米国は世界最高の研究水準を達成してきた。個人主義とトップダウン型のリーダーシップが馴染みやすく、人材の流動性も高い米国では、PI中心主義にもとづく研究システムは、うまく機能し米国の強い研究力の基盤として大きく貢献してきた。

今後ますます必要になってくるフォロワーシップ

独立した研究者として自分のビジョンにもとづきリーダーシップを発揮して研究プロジェクトを遂行する。そうしたPIモデルによる研究推進を今後も持続可能なものにしていくためには、PIに注目するだけでは不十分だ。なぜならリードし導く側のPIの資質やスキルだけでなく、リードされ導かれる側であるラボメンバーの資質やスキルが成熟していないとチームは機能しないからだ。導かれる側の資質やスキルをリーダーシップとの対比からフォロワーシップと呼ぶ。リーダーシップという言葉を知らない人は少ないと思うが、フォロワーシップという言葉はその意味を知る人のほうが少ないだろう。フォロワーシップの重要性については長い間過小評価されてきた。

今このタイミングでフォロワーシップについて語るには重要な意味がある。日本でも米国でもアカデミアのPIポジションは限られており、研究者としてのキャリアを長年続けていてもPIとしてリーダーシップを発揮する機会を与えられる幸運な研究者は一握りである。多くの研究者はたとえアカデミアに残っていても、非PIのポジションでキャリアを終える場合も数多くあるだろう。そのような状態はPI原理主義者からすれば受け入れがたいものであるかもしれない。

ＰＩ中心主義的な考え方はアカデミックな研究の世界に限定的なものではない。故事「鶏口となるも牛後となるなかれ」とは、大きな組織でヒエラルキー下位の立場にいるよりは、小さな組織で上位のリーダー的な立場の方が良いという意味だ。ビジネスの世界でも大企業のいち平社員でいるよりは、リスクを取って起業して小さくてもトップに立つほうが価値があるという考えもあり、ある意味それは正しいと思う。独立心旺盛でリスクを取ることを厭わない起業家精神を持つ人がある程度いないと社会にイノベーションはおこらない。

起業家が自分のアイデアと手腕で資金を集めチームメンバーを雇用する。ＰＩも自分の業績と研究アイデアでグラントを取り、研究員を雇用してチームを作る。起業家やＰＩらリーダーは自分の手腕で集めたお金で、社員や研究員（＝フォロワー）を〝食べさせている〟のだから、フォロワーはリーダーのために働いていると考えがちだ。「リーダーを中心にフォロワーは回っている」という考えがＰＩ原理主義にはある。そしてフォロワーも、ＰＩ原理主義のもと、〝食べさせてもらっている〟と考えがちだ。

「チームの目的の達成」を意識してみる

リーダーを中心にフォロワーが回っているのならば、フォロワーはリーダーに従うものであり、フォロワーが主体性を発揮することはほとんどないか、あっても非常に限定的だろう。国内の研究職で考えるなら、リーダーつまりＰＩ的なポジションは大学では教授、独立准教授、研究所の部長、チームディレクター、チームリーダー、主幹研究員、主任研究員など限られている。ＰＩやリーダーとして働いている人より、非ＰＩでフォロワーとして働いている人のほうがはるかに多い。マジョリティーであるフォロワーが主体性を発揮できないのは大きな損失である。

別の言い方をすればフォロワーが主体性をうまく発揮すればチームの生産性は格段に向上するはずだ。ある学会のパーティーなどで何人かのＰＩ／リーダーと研究員や学生ポスドクなど非ＰＩ／フォロワーと個別に話す機会があった。そこで気づいたことは、リーダーの多くがフォロワーが指示待ちで主体的に研究を進めてくれないことに不満を持つ一方、フォロワーの多くはリーダーの指示が漠然としすぎているのでどう研究を進めて良いかわからないという不満を持つことだ。主体性に関してリーダーとフォロワーの間での理解に齟齬がおきているのではないか。

あらためて、研究とはどのようなものであるかを考えてほしい。研究とは未知のものを扱い、新たな知見を探求する活動なので、本質的に不確実性が高い。事前にすべてを予測することはできず、マニュアル化できない部分が多い。現場でフォロワーが主体性を発揮して、リーダーの指示を修正し最適化しないとうまくいかない。

にもかかわらずそうできないのは、フォロワーはもっと主体性を発揮しても良いとリーダーから期待されていることを知らないからだ。またはフォロワーは主体性を発揮する経験を積んでいないので、どう発揮して良いかわからないからか、あるいは主体性を発揮してリーダーの指示以外のことをして、うまく行かなければ責任を取らされるのが怖いからかもしれないからだ。

このような受け身のマインドセットに絡め取られた状態を脱し、フォロワーが主体性を発揮するならば、フォロワー自身がより高い充実感や達成感を味わうことができ、自己成長へとつながるであろう。そこで鍵となるのが「リーダーを中心にフォロワーが回る」から、「チームの目的を中心にリーダーとフォロワーは回る」へのマインドセットの変更だ。後者をフォロワーシップ研究の第一人者アイラ・チャレフ氏は〝勇気あるフォロワー〟と呼ぶ。

〝勇気あるフォロワー〟とは？

さて〝勇気あるフォロワー〟を考えるうえで、フォロワーシップの機能を少し分析的に見てみよう。

フォロワーシップの重要な機能の1つはリーダーを〝支援〟(support) することだ。フォロワーはリーダーが設定したビジョンや計画を実行して、チームの目的を達成する。ボスの指示に従い部下が仕事を実行するという図式が一般に考えるフォロワーシップの本質だろう。この側面で見ると、リーダーとフォロワーの関係は一方向性で、フォロワーの活動は主として受動的である。

フォロワーシップを構成するもう1つの重要な機能が、リーダーの話を聞き、代案を提案することだ。この機能はアイラ・チャレフ氏の著者「The Courageous Follower: Standing Up To & For Our Leaders（邦題：「ザ・フォロワーシップ―上司を動かす賢い部下の教科書」、ダイヤモンド社）の英語原文では〝Challenge〟と表現され、邦訳では〝批判〟と表現されている。アイラ・チャレフ氏は米国での職場での人間関係を前提に、リーダーの考えを勇気をもって批判することを良質のフォロワーシップの条件としている。議論するという行為が習慣として社会に受け入れられている米国では、立場を超えて感情的になりすぎず、禍根を残さない建設的な議論の経験を持つ人がある程度いる。

しかし、日本ではこのような議論をそもそもする機会があまりなく、上司と部下という立場を超えて生産的な議論をすることは現時点では難しいだろう。日本人は建設的な批判をすることにも、批判を受けることにも慣れていないのだ。批判をたとえそうでなくとも攻撃や中傷ととらえてしまい、つい感情的に反応してしまうからだ。

このようにフォロワーがリーダーに進言することが困難なことは承知のうえで、やはりフォロワーが進言しなければならないと思う。しかしあまりにもハードルが高すぎても実現できない。そこでリーダーへの批判や不満とみなされるリスクを避けるために、進言ではなく「リーダーの話を聞き、代案を提案する」ことを試してみてほしい。特にリーダーの話を聞くことはとても大切だ。リーダーは部下を相手によく喋る人が多い。そもそも自己表現欲求が強くエネルギッシュな人が多いこともあるが、リーダーは常に孤独で不安なのだと思う。不確実性を取り扱い、判断を下し、その判断の結果に対して責任を負わなくてはならないから不安なのだ。そのプレッシャーと孤独感はリーダーを不安にする。不安になれば自分の判断が間違っていないことを自分自身に言い聞かせたいのでよく喋ってしまう。他人に話して「あなたの考えは間違っていない」と支援してほしい。だから話をよく聞いてくれるフォロワーは、リーダーを落ち着かせる。リーダーが落ち着けば批判を最小限にして、私だったらこう思うと代案を提示するチャンスが来るだろう。

それでもフォロワーにとっては簡単なことではない。勇気がいる。しかし困難で勇気のいる選択をあえてすることに価値がある。そしてその勇気ある選択をしなければチームが不利益をこうむる。あなたもそのチームの一員であるので、不利益をこうむるだろう。これは自分のための勇気でもあるのだ。

現実に存在するＰＩのポストは、ＰＩの資質をもった潜在的候補者の数よりもずっと少ない。リーダーを志し長年重ねてきた努力が、〝もっとも望むポスト〟という形では報われない人が数多くいる。これからはもっと増えるかもしれない。望みながらもＰＩとして活躍する幸運に恵まれなかった人にとっては、フォロワーとしてのポジションに〝甘んじる〟ことは不本意かもしれない。その一方でリーダーとしてのプレッシャーにさらされることが性にあわず、実力や業績があるにもかかわらず進んでフォロワーを選択する生き方もある。

いずれにせよ、フォロワーとして自分を磨く覚悟を決めるなら、チームが達成すべき目的を中心に、リーダーとフォロワーがともに回ることを実践するパートナー型フォロワーシップすなわち、〝支援〟や〝批判〟のどちらか一方ではなく、その両方を実現するフォロワーシップが目指すべき1つの理想像だ。リーダーを精力的にサポートすると同時に、リーダーの良き相談役として話を聞き、異議があれば勇気をもって生産的な態度で批判しながら代案を提案する〝CO-PI〟という立場だ。そうすることで、あなたはリーダーと同様にチームの成果に大きく貢献できる。

リーダーシップとフォロワーシップの境界は曖昧になる

PI原理主義者はとにかく何が何でも組織のトップに立ちたい、リーダーになりたいと考える。前述のとおり私もある時期この考え方にとらわれてきた。20台半ばに社会人として働きはじめてすぐ職場でさまざまな人生のロールモデルに出逢えたことをきっかけに、

40歳までに独立したポジションにつき、小さくても良いのでグループのリーダーを経験したいと考えるにいたった。米国にわたり周りに多くの独立心旺盛な人がいる環境で切磋琢磨し、39歳のときにPIとして独立を果たした。しかし私が独立した2003年から10年以上たち、世の中の状況も大きく変わった。チームではますますパートナー型フォロワーシップの重要性が高まってくると同時に、1人の人間がリーダーシップとフォロワーシップの双方を発揮しなければならないような状況もありうる。

マッキンゼーで人事を担当していた伊賀泰代氏の著書「採用基準」（ダイヤモンド社）によれば、多国籍な環境で高いパフォーマンスを上げるチームに必要な人材とは、状況に応じてリーダーにもフォロワーにもなれる人であるという。序章の医学生Hさんは周りのモチベーションの低さを嘆いていたが、もしチームメンバー全員がリーダーシップを取るとどうなるだろうか？ それぞれ異なった専門性を持ちながらもリーダーシップを取れる高いマネジメント能力とコミュニケーション能力を持った人が集まり、プロジェクトを遂行するためにチームを組んだ場合には、チームメンバー全員がリーダーシップを発揮しようとすればチームワークは成立せず機能不全に陥り、チームは成果を上げることができない。「船頭多くして船山に登る」となってしまう。

メンバー一人ひとりが自分の業績を最大化することを優先すれば、その総和としてのチームの業績も最大化されると信じるのはあまりにも甘い考えだ。局所最適化の積み重ねは、全体の最適化につながらないのだ。

したがってチームのメンバーの力量や状況を考えて、自分がリーダーシップを取るのに適した状況でない場合には、積極的にフォロワーシップを発揮して、リーダーをサポートし、全体最適化（＝チームの成果や評価）を局所最適化（＝自分の成果や評価）より優先させる「勇気あるフォロワーシップ」を柔軟に発揮できる資質もリーダーには求められる。

大学や企業という大きな組織に属していれば、リーダーとしてのＰＩは、その人の活動のある一面を表しているにすぎない。研究だけでなく組織の運営にもかかわらなくてはならない現状では、研究面では主としてリーダーシップを発揮しているような場合でも、他の活動では、フォロワーシップを発揮しなくてはならないこともしばしばある。

生産性が高い組織の構成員は、みんな生産性が高いのか？

さてここで少し視点を変えて、組織内の役割でリーダーか、フォロワーかという区別をするのではなく、生産性が高い人か、低い人かという観点からその組織全体への貢献、特に持続可能な全体最適化への影響について考える。

大学や企業など組織に所属して集団で仕事をしていると、ハードワーカーのあなたは、「自分はこんなに忙しく一生懸命仕事をしているのに、一部の人はあまり働かず楽して給料をもらっている」と不満を持つことがある。そのような不満を持っているのはあなただけではない。一般にどの組織でも、生産性が高い人もいれば、低い人もいることが知られている。

しかし驚くべきことに、生産性の低い人を大勢を抱えながらも組織全体としては十分に高い成果を出しているケースもしばしば見られるのだ。あまり働かない人がいても組織として成果を上げているということは、誰かがその人の分まで人一倍、一生懸命働いているということになるだろう。

1896年、イタリアの経済学者ヴィルフレド・パレート氏はイタリアの土地の80％が、人口の20％により所有されているということを見つけ、富の不均一な分布に関する報告を論文にして発表した。これが今では「パレートの法則」または「20：80の法則」と呼ばれている法則の原型で、社会のさまざまな分野でパレートの法則に一致する現象が観察される。

パレートの法則はビジネスの分野にもあてはまり「組織の大部分（80％）の成果は、一部（20％）の生産性の高いハイパフォーマーにより叩き出されている」と考えられる。最近では20：80の法則から派生した進化形として「2－6－2の法則」もある。こちらのほうが組織の人の振る舞いをより詳細に説明していると考えられる。

つまり、上位20％の非常によく働く生産性の高い人が、組織の成果の80％を生み出し（この部分はパレートの法則と同じ）、真ん中の60％のほどほどに働く人が組織の20％の成果を生み出し、下位20％のあまり働かない人は、ほとんど何も生み出さない。

組織は、少数の生産性の高い〝ハードワーカー〟、大部分のほどほどの生産性の〝ほどほどワーカー〟、そして少数の生産性ゼロの〝怠け者ワーカー〟から構成される。それでも十分正常に機能しているという現象は、自然界でも観察される。アリゾナ大学のチームが2015年にBehavioral Ecology and Sociobiology誌に発表したアリの行動を研究した論文が興味深い。一般に働き者と考えられているアリの集団では、絶え間なく働く〝ハードワーカー〟はたった2.6%で、〝就業時間の少なくとも半分はただ休息しているほどほどワーカー〟が71.9%を占め、全く働かない〝怠け者ワーカー〟が25.1%であるという驚くべき研究結果を報告した。それでもこのアリの社会は長い間正常に機能している、持続可能性のあるサステイナブル組織なのだ。

組織の安定的な維持に貢献する〝怠け者ワーカー〟

大部分を占める〝ほどほどワーカー〟と〝怠け者ワーカー〟は、組織の生産性最大化には貢献していないように見えるが、存在意義はあるのだろうか。2016年にScientific Reportsに発表された北海道大学と静岡大学のグループが行ったアリのコロニー存続に関するシミュレーション研究によれば、大部分の〝ほどほどワーカー〟と〝怠け者ワーカー〟は、確かに短期的には組織の生産性最大化には貢献していない。しかし中・長期的に見れば、彼らは組織の持続可能性に重要な役割を果たす。ハードワーカーはいつまでも絶え間なく働けるわけではない。そのうちに疲れきって消耗し、前ほどには激しく働けなくなる。そのときにハードワーカーに取って代わるリザーバーとして〝ほどほどワーカー〟や〝怠け者ワーカー〟が機能していると考えられる。

彼らは一生懸命に仕事をすることを無意味に控えているのではなく、出番が来るまで体力を温存している（たとえ永遠に出番がなくとも）。普段は〝本気を出さずに〟一生懸命には仕事をしないことが、結果的には組織の持続可能性に貢献しているらしい。

このアリ社会の研究結果を知れば、ハードワーカーのあなたが感じる、〝ほどほどワーカー〟や〝怠け者ワーカー〟に対するネガティブな感情もきっと少しはやわらぐだろう。

しかし実際にはアリ社会にはない、人間社会特有の〝感情〟という要因を注意深く考慮しなくてはならない。アリの社会では〝怠け者ワーカー〟の生産性はゼロであり、他のアリの助けにはならないが、かといって邪魔にもならない。しかし人の場合には事情は異なる。普段は生産性がゼロで、他の人の助けにはならないが邪魔にもならない〝怠け者ワーカー〟は、ときとして他人の邪魔をするサボタージュ（＝妨害行動）をおこす。そうなれば組織の人間関係全体へのネガティブな波及効果も大きく、生産性はゼロではなくマイナスにすらなる。

では、どういうときに〝怠け者ワーカー〟らはサボタージュ行動をおこすリスクがあるのか。可能性としては、彼らを邪魔者として排斥しようとしたときが一番危ない。客観的に見れば仕事もせず、成果も上げずに何のために組織に居座るのかと疑問に思うかもしれないが、〝怠け者ワーカー〟には彼ら／彼女らなりの理由があるのかもしれないし、組織に属することが彼ら／彼女らのプライドやアイデンティティにつながっていることも想像に難くない。そこで組織からの排斥を強要すれば、感情を深い部分で傷つけられたと感じ、妨害行動を誘発するリスクがある。解雇されれば次の行き先がないと考える人ほど、今の職にしがみつくしかないのだ。今の職を死守するためならどんなことでもするだろう。破壊行動のネガティブなインパクトが組織全体に波及し、組織の成果の80％を叩き出している20％のハードワーカーの士気が下がれば、途端に大きな影響がでる。

ハードワーカーであることの幸せ

〝怠け者ワーカー〟を排斥する危険性に言及してみたが、実際には日本では労働契約法が厳しいので簡単に労働者を解雇することができない。〝怠け者ワーカー〟を排斥するのは簡単ではないし、日本ではおそらく〝正しい〟選択でもない。「2－6－2の法則」に従い、上位の20％が精一杯頑張って叩き出せる成果が、現実的にはおそらくその組織の成果の最大値なのだ。世の中にはいろんな人がいて、価値観も異なり、仕事に対する人生での優先順位も違う。１００％全員が精一杯働くことは、洗脳でもしないかぎり不可能だ。逆に20％もハードワーカーがいればその幸運をむしろ祝福すべきだ。アリの社会にはハードワーカーが2．6％しかいないのだから。20％の〝怠け者ワーカー〟の生産性がゼロであれば、むしろ幸運だと安心すべきだ。破壊活動をしてマイナスの生産性を発揮するのではなく、ゼロで我慢強く辛抱してくれているのだから。

随分とシニカルに聞こえるかもしれないが、あなたがハードワーカーならそれはとても幸運であると思ったほうが良い。精一杯働ける機会を与えられ、仕事を通じて充実感を感じることができるのだから。仕事の報酬はお金ではない。年功序列が基本の日本の大学や省庁、大企業では、仕事がデキる人の給料が必ずしも高いわけではない。仕事ができる人にはボーナス金ではなく、さらなるやりがいのある困難な仕事をする機会が与えられる。仕事の報酬とはさらなる仕事だ。ワーカホリック（仕事中毒）を作るサイクルだとか、ブラック企業の手口だとかと眉をひそめる方もいるだろうが、仕事が生きがいである時期が人生にはあったほうが良いと思う。いったんワーカホリックになってワーク・ライフ・バランスを崩しそうになる経験をして、はじめてバランスの重要性が分かると思う。

序章の医学生Hさんは組織の成り立ちについて、よく見えていないことがあったために悩んでいたと思われる。組織の「2－6－2の法則」を振り返ってみるとその最初の20％にいる幸運な人達はチームを引っ張ることで自己実現をしながら、社会に貢献すれば良い。ただし忘れてはならない。上位20％のあなたは仕事で興奮する幸運なマイノリティーなのだ。80％のマジョリティーはあなたほどワーカホリックでなく、また仕事で興奮もしないし、人生でもっと他にすることがあるので、あなたに付き合ってられないのだ。ワーカホリックでいられる幸せを噛みしめながら、他人のワーカホリックでない働き方も尊重しよう。それが組織の持続的な安定性につながる。序章の若手ＰＩ研究者のＬさんもこのことを知っておいて良かったと思える日がいずれ来るだろう。

まとめ

- PIとしてリーダーシップを発揮する幸運に恵まれなくても、パートナーやCo - PIとして「勇気あるフォロワーシップ」を発揮するという充実した新たな生き方がある。
- 「リーダーを中心にフォロワーは回っている」のではなく、「チームの目的を中心にリーダーとフォロワーはともに回る」。
- あなたがワードワーカーで、周りの〝ほどほどワーカー〟や〝怠け者ワーカー〟のパフォーマンスの低さにイライラしたときには、「能力やパフォーマンスの多様性を許容する組織の方が持続可能性が高い」ことを思い出そう。

第5章

情報化社会だからこそ「暗記力」を強みにしよう

――暗記力と理解力を鍛えて知的生産性を上げる方法

情報化社会だからこそ「暗記力」を強みにしよう

――暗記力と理解力を鍛えて知的生産性を上げる方法

序章で取り上げた〝研究者vs社会人〟という二項対立にとらわれている若手PI研究者Fさん（ケース6）と学会や研究会でのコミュニケーションが苦手なポスドクKさん（ケース11）に向けて、本章ではネット時代に自分の小さい殻から脱出する方法に話を進める。

異文化コミュニケーションにスマートフォン

私は海外での生活が長かったので英語で会話することに大きな問題はないが、英会話に自信がない人にはスマートフォンのグーグル翻訳を利用すれば英会話の大きな助けになる。例えば英語はできないがやる気のある学部生の大澤くん（仮名）を連れて、ボストン小児病院の手術室での麻酔科医のトレーニング見学に海外研修に行ったときのことだ。当初は私が付き添いのもと、米国人研修医のジョンソン医師（仮名）にシャドーイングしてもらい、1日かけて手術室での臨床業務を体験してもらう予定であった。しかし急遽私の予定が変更になり、少し離れた場所にあるフォーサイス研究所に打ち合わせで行くことになった。しかたなく、英語がからっきしできない大澤くんを、日本語が全く分からないジョンソン医師に任せて、私は手術室を後にした。ひとり英語環境に置き去りにされる大澤くんの涙目と引きつった表情を思い出す。

しかし案ずるより産むが易し。ジョンソン医師はスマートフォンのグーグル翻訳を使って、英語ができない大澤くんと意思疎通を図り、無事見学をすることができた。グーグル翻訳の日本語と英語の間の翻訳機能は近年その精度を高めている。まれに、ぎこちなくおかしな翻訳も出てくるが、異文化コミュニケーションの強力な補助ツールとしては十分に機能する。

海外研修といえば英語の勉強のためととらえられがちだが、本来は英語は海外研修を効率的にするための手段だ。一部の語学学習に特化した場合を除けば、海外研修の目的は例えば、異文化の体験、日本からの情報発信、海外人脈の形成である。英語力が高いに越したことはないが、そうでないなら目的を達成するためにあらゆるリソースをつぎ込むのが良い。海外研修をすれば結果的に英語力も高まるかもしれないが、あくまでもそれは結果だ。

海外研修者を受け入れる相手の気持ちにもなってほしい。英語力は高いが退屈な話しかできない日本人と、英語力は低いが興味を引く話がグーグル翻訳を使いながらできる日本人と、どちらと時間を過ごしたいだろうか?

居心地の良いフィルターバブルに閉じこもる代償

外国人とのコミュニケーションを例にあげるまでもなく、日本人どうしであっても無論、スマートフォンのサポートを活用しながら対面のコミュニケーションをすることは、もはや当たり前のこととなってきた。とにかく便利で話が弾むという利点があるが、それに加え新たな検索ワードに出会えるという重要な御利益がある。

一方で、スマートフォンの（とりわけ検索ツールとしての）便利さには見えない落とし穴もある。インターネットは世界の膨大な情報にアクセスできるのだが、実際に自分がアクセスしている情報はかなり限られている。ブラウザーで自分の閲覧履歴や検索履歴を確認してみれば、よく行くサイトやよく使う検索キーワードはそれほど多様性がないことに驚く。グーグル検索結果はＡＩ（人工知能）を使ったアルゴリズムにより検索履歴や閲覧履歴、居住地などの位置情報により常に最適化されている。検索を続ければそのうち、「あなたが探している」とＡＩが判断する最適化された検索結果を表示するようになる。世界最大のＥＣサイト「アマゾン」のレコメンド（おすすめ）機能も、その最たるものだろう。

このようなＡＩが判断して設定する〝フィルター〟を通して見る世界は、無駄なく見たいものだけを見ることができる世界に近づいていく。インターネットを通して見る世界はどんどんとあなたの嗜好にあうように純化されていき、自分の見たいものだけに囲まれた泡（バブル）の中に閉じ込められるような閉鎖空間を形成する。この閉鎖空間を〝フィルターバブル〟と呼ぶ。

フィルターバブルは予定調和の心地良い世界であるが、外部との交流のない子宮のような閉鎖された空間だ。あなたにあわないと事前にAIが判断するものには出会うことができなくなる。良い意味でも悪い意味でも偶然性は、あなたにフィットしないリスクがあるとして排除される。偶然性を排除することにより、不快感や痛みはなくなるが、その代償として驚きや興奮も失われる。フィルターバブルはインターネットの中だけの問題ではない。検索結果が人の現実世界での行動に大きな影響を与えることを考えれば、フィルターバブルは現実世界でも「予想外のもの」と出会ってしまうチャンスもリスクとして摘み取ってしまうだろう。

予想外の「もの」と出会ってしまうチャンスは人間的成長に欠かせない。また予想外のものと出会ってしまうリスクと対峙した経験も人間的成長には欠かせない。フィルターバブルに閉じ込められ、予想外の新たな検索ワードに出会えなくなることは、人間的な成長をやめることだ。1人でスマートフォンをいじる時間が長くなれば、いずれはフィルターバブルの甘美な退化に絡め取られてしまうだろう。

このようにしてフィルターバブルは人々の階層化を推し進める。趣味や嗜好により階層化されたフィルターバブルの世界では、階層間の交流はおこらない。階層の異なる他者と出会うことはない。他者と出会う刺激や軋轢が育む人間的成長は望めなくなる。もちろんインターネットがない時代から日本はある程度階層に分断されていただろう。しかしフィルターバブルはすでにある階層間の分断を強化するとともに、新たなさらに細かい階層化とその分断を促している。

フィルターバブルから脱出するには

それではフィルターバブルから脱出するにはどうすれば良いのか。最もストレートな解決法はネットを使わないことだ。しかし、はたしてインターネットに全くつながらない生活が可能だろうか？　可能かもしれないが、この劇的な変化を伴うフィルターバブルからの脱出方法は失うものも大きく、仕事に支障をきたす可能性が大きい。では、もう少しマイルドな方法はないのか？

批評誌「ゲンロン」を主宰する思想家・作家の東浩紀氏は〝海外旅行先でグーグル検索〟することをすすめている。海外旅行をすれば、物理的に全く新しい環境、異なった文化や言語、全く新しい〝外国人〟に強制的に出会わなくてはならない。また目的地に着くまでの時間も、普段出会わない環境に身を置くことになる。そうすればおのずと新たなキーワードでグーグル検索せざるをえなくなる。東浩紀は海外旅行を「新たな検索ワードに出会うための仕掛け」と位置づける。

海外旅行中も日本と同じようにスマートフォンでゲームに興じ、いつも見る日本のニュースまとめサイトや友人のSNSをチェックしてばかりのフィルターバブルに完全に閉じ込められたような人でも、海外旅行をすれば大小何らかのハプニングに出会うだろう。そのハプニングに対応することを契機に、新たなグーグル検索ワードに出会える可能性が高い。たとえそのようなハプニングがなくとも、日本とは異なった位置情報からのグーグル検索は、同じキーワードを使っても、異なった検索結果につながり、フィルターバブルの内側からは見えなかった思いもしないウェブサイトにたどり着かせてくれるかもしれない。

新たな検索ワードにどうやったら出会えるか？

わざわざ海外旅行をしなくても、研究生活を日々送るなかで、フィルターバブルから脱出することはできる。海外から日本にやってきた留学生とスマートフォンを片手に会話すれば、すぐに新たな検索ワードに出会うことができる。話をしていて分からない言葉があれば、スマートフォンを渡してグーグル検索してもらい、その結果の画面を見せてもらえば良い。画像検索を活用するのも良いだろう。お互いに画像検索しながら会話すれば話も弾む。留学生が検索に使ったキーワードは、普通に日本で暮らしていれば私たちが生涯決して使わないような言葉である可能性も高い。そのような貴重な検索ワードに日本にいながら出会うことができるのだ。

先の語学研修の例と同様、留学生と話をすることを、英語でのコミュニケーションをするための機会としてだけとらえていては、得るものは少ない。素手ではなくスマートフォンを片手に会話し、毎回必ず1つは新たな検索ワードを手に入れるようにしよう。留学生が偶然くれた新しい検索ワードは、フィルターバブルに対抗し、自己成長のきっかけとなる貴重な武器となるはずだ。留学生は偶然性を運んできてくれる。

インターネットにつながらない世界

さてここまでの文脈では、ＩＴ化・グローバル化する社会でスマートフォンとグーグル検索を駆使しながら情報社会を生き抜くリテラシーの話をしてきた。しかしＩＴ化とグローバル化は必ずしも同義ではない。グローバル化が進行する過程では、インターネット環境が整備されていないさまざまな新興国に乗り出して活躍する能力が要求される。そこで、ここからはインターネットにつながらない世界で生きる力の重要性について考えよう。その力というのは、「暗記力」である。まずは私の米国での経験談を聞いてほしい。

新興国でなくとも、現代の先進国でもインターネットやスマートフォンが使えない意外な場所がある。最近、米国の在ボストン日本総領事館を訪問する機会があった。総領事とお会いして、北米に留学する日本の若い研究者が減っていることへの対策についていろいろ意見を述べる貴重な機会であった。説明のためのパワーポイントを作り、細かい数字などを含んだ関連する資料ファイルとともに、ＰＣとiPhone に保存した。ところが当日面会のために総領事室を訪れると、電子機器の持ち込みが許されなかった。入室の前に携帯電話やiPhone はロッカーに入れ、ＰＣを受付の事務官に預けることになった。

電子機器持ち込み禁止の理由を聞いてみると、盗聴防止のためだという。総領事の説明によればCIAをはじめさまざまな国の情報機関は他人のスマートフォンを自由に遠隔操作できる技術を開発しており、私のiPhoneを遠隔操作して総領事館で行われた会話を盗聴することが現実的に可能らしい。したがって国家の安全保障の理由からすべての電子機器の外部からの持ち込みは厳しく制限されている。その日のプレゼンは紙と、頭の中に入っている情報だけで勝負せねばならなかった。

検索ツールが充実してきたからこそ「暗記力」を武器に

インターネット時代では、検索すればネット上の膨大な情報や知識に容易にアクセスできるため、個人の頭の中に知識を蓄えることの重要性がどんどん低くなり、引き換えに知識をいかに活用するかという「理解力」の重要性が増すと考えられていた。しかし必ずしもそうとは言えない。まず先述したようにグローバル化が進めば、より大きく新たなチャンスは新興国にしか見出せなくなる。そこでは必ずしもインターネットを自由に駆使できるような環境はまだない可能性があり、そのような状況で仕事ができる〝ローテク力〟に希少価値が生まれるだろう。

さらに先進国においても総領事館のような高い情報安全保障が要求されるような場所では、簡単にインターネットを使うことができない。そこでも自分の頭と体だけで問題を解決するローテク力が存在感を増すはずだ。

ローテク力の1つが「暗記力」だ。暗記という行為はあまり魅力的ではないし、楽でもない。おおまかなことがわかっていれば、細かいことは暗記していなくとも、ネット検索したら出てくるのが現代だ。またPCやスマートフォンのハードディスクやクラウド上にメモや資料ファイルを保存しているのだから、細かいことは暗記していなくとも、その都度保存した資料を呼び出して参照すれば大丈夫だと考える人も多い。しかしグーグル検索やクラウドに頼って、暗記を軽視してきた人たちは、ツケを払わなくてはならないときがやってきた。インターネットや電子機器を使わずに相手にプロジェクトや事業内容を説明し、相手からの質問に答え、相手を納得させるだけの知識が正確に頭の中に記憶されている人材が活躍できる時代が必ずやってくる。

それはなぜか？ 本書の前半で述べたとおりグーグル検索は非常に豊富なリソースである。しかしインターネットを使って情報を検索するというスキルは誰もが共通して持つものとなった。それぞれの学問領域や業界に特化したネットを使った情報収集のコツがあるかもしれないが、マニュアルを読んで、少し経験を重ねれば誰でもノウハウを体得できる。ネット検索を駆使して情報を集める能力は磨かねばならないが、コモディティー化しているので、すぐにライバルも同じような能力を持つことができる。それだけでは高い専門性を認められないし、差別化も難しい。

むしろこれからの時代に自分を差別化できる能力の1つは、重要な情報をすべて暗記していて、ネットがつながらない場所でも、知的な能力を十分発揮できることだ。例えばインターネットがつながらない新興国のランチミーティングで、隣の席に座った相手に、テーブルの上にあった紙ナプキンにペンで図を書きながらプロジェクトのコンセプトを説明できるような能力が価値のある時代になってくる。

「暗記」と「理解」は別物だと勘違いしていないか？

暗記というローテク力の強みについて述べてきたが、暗記は理解を深めるために重要であることを指摘しておきたい。〝暗記中心の教育〟から〝理解中心の教育〟への転換が、近年の日本の教育改革のなかで提唱されてきた。この転換の根底には、暗記は悪であり、理解こそが善であるというふうに、「暗記」と「理解」を二項対立させる図式がある。しかし「暗記」と「理解」は本来対立するような精神活動なのだろうか。暗記せずに理解することや、理解せずに暗記することが本当にできるのか。

慶應義塾大学環境情報学部教授の今井むつみ氏の『学びとは何か——〈探求人〉になるために』（岩波書店）によれば、暗記と理解とは密接につながり、厳密には分離しがたい精神活動であると考えられる。暗記することにより知識は増えていくが、そのプロセスは新しい知識が古い知識の上に雪だるま式に積み重なっていくような、単純なモデルではない。新たな知識が加わると、単に今まである古い知識の集積体の中に取り込まれるだけでなく、知識全体が古いものも含めて再構成されるのだ。そして理解するとは必要に応じて適切な知識を呼び出しやすくなるように知識全体を再構成するプロセスのことだ。「暗記」と

「理解」はダイナミックにつながり、同時進行する精神活動である。暗記している瞬間にも知識は再構成され、暗記と同時に理解はおこる。暗記のない理解もなければ、理解のない暗記もないことになる。

知識を学んだのに応用課題に対応できないのは（あえて先述のダイナミックなプロセスを便宜上分離して考えれば）、暗記する知識の量や質が十分でない可能性と、その後の知識の再構成がうまくいっていない場合とが考えられるだろう。知識を自分の脳内に〝刻む〟暗記するという労力を惜しんで、インターネットやクラウドといった脳の外側に知識を預けた場合には、理解のプロセスの中心である知識のダイナミックな再構成が頭の中では効率的におきないのではないかと危惧している。

ネット検索とクラウド上のメモに頼り暗記しない人より、自分の頭で暗記する人の方が、結果的には深い理解ができるのではないか。「インターネットの出現は物知りを無効化する」という言説はおそらく正しくない。無邪気にこの言説を信じて知識を自分の頭の中に刻み込む努力を放棄した人は、結果的には理解力を失う可能性がある。

研究者の多くは元来、「理解力」と「暗記力」の両者を兼ね備えたスペシャリティ人材である。序章の若手ＰＩのＦさんが〝社会人でない強み〟を伸ばすためには、このことを理解してもらいたい。

インターネットの一番の弱点

ここまで読んで、「新興国で仕事をすることもないし、電子機器を持ち込めない国家の安全保障にかかわるようなセキュリティレベルの高い状況で仕事をすることもないので自分には関係ない」と感じる人もいるかもしれない。しかし本章後半で話してきたインターネットにつながらなくとも知的な仕事ができるローテク力を開発することの重要性は、新興国や国家の安全保障にかかわる一部の人だけに関係するような問題ではない。インターネットが使えない状況で仕事をしなければならない状況は、いつでもどこでも現実的におこりうる。

インターネットがこのように普及したのは、その構造上中心を持たずに、ある部分が破壊されても、残りの部分は機能できるという安定性を持ち、かつ電話回線とは異なり常に

100％近い接続の完全性を最初から期待しない〝不完全性を許容〟したシステムであるからだ。絶対にとぎれない100％の接続性を維持するためには非常に高いコストを必要とする。例えば接続率を0から99％に上げることに必要なコストと、次の0．9％（つまり99％から99．9％）を上げることとためのコストはほぼ同じであるらしい（そして次の0．09％を上げるのにまた同じコストがかかるだろう）。完璧を目指さずに99％で良いとすれば、コストを大きく節約することができ、普及率が上がるのである。例えば固定電話が10秒間全くつながらなければ大きな問題であるが、インターネットが1分間つながらないことなど頻繁におこるのでなれっこである。インターネットは〝落ちる〟ものなのだ。

相手の心に届くのは、発表の技術ではなく〝あなたの熱意〟

マーフィーの法則に従えば、おこりうる問題は、実際におこる（それも最もおこってほしくないときに）。プレゼンテーションでインターネットやPCやスマートフォンが1番必要なときに使えないということは、多くの方が身近に経験しているのではないだろうか。そのような逆境でいかに行動するかで、あなたの真価が問われる。マーフィーの法則を真剣にとらえて危機管理を考えていることが、その人の仕事にかける本気度を表していると考えることもできる。多くの人のネットリテラシーが上がり、プレゼンテーション形式もテンプレートも代わり映えしなくなった状態で、何によって熱意や本気度を相手に伝えることができるだろうか。もちろんプレゼンテーションの内容が大事であるが、何を伝えるかよりもどう伝えるかで、聴く側の気持ちは感情的に揺さぶられることが多い。このことを暗記力の大切さとあわせて心に留めておいてほしい。

まとめ

- フィルターバブルというインターネット時代の自分の殻から抜け出すには、新しい検索ワードを見つけ、偶然性を取り戻す必要がある。
- ITリテラシーはコモディティー化しているので、ないと困るが、人材を差別化するスキルにはならない。むしろインターネットに依存しない環境で仕事ができるローテク力を発揮できる人材が貴重になる。
- 重要なローテク力の1つが、暗記する力だ。暗記と理解はダイナミックに関連する分かちがたい精神活動なので、ハードディスクやクラウドに記憶するよりも、労力をおしまず自分の頭に記憶した方が理解がより深まるだろう。

第6章

新しいことをはじめてみよう

――進むべき道を探求し、自分で選んだことに自信を持つ方法

新しいことをはじめてみよう

——進むべき道を探求し、自分で選んだことに自信を持つ方法

序章で取り上げた、研究者の成功とは何かと悩む学部生Aさん（ケース1）と研究者として成功する自信がないと悩む大学院生Iさん（ケース9）に向けて、本章ではいかにして新しいことをはじめて、成果を出すかについて考える。Aさんや I さんにとっては未来の話かもしれないが、まずは転職市場における人材価値の側面から論じてみたい。

人にうまく使われる力：Remarkable 人材になる

マッキンゼー&カンパニー出身の経営コンサルタントとして活躍する大前研一氏によれば、日本のビジネスマンは35歳までは攻めのマインドセットで成長するが、その後の50歳

までの15年間は成長が止まってしまうと指摘している。その理由として、ポスト不足による昇進の難しさと、国内での転職の難しさによる「守りのマインドセット」が蔓延することを挙げている。

多少の個人差はあるだろうが、35歳まではどの業界にもキャリアパスの典型的モデルがある。若手として上司やメンターにうまく使われながら、いろいろな経験をして自分の長所を伸ばしていくことができる。研究者であれば、非常勤のポスドクでも、常勤の研究員や助教であっても大抵は教授や主任研究員などPＩの描いた研究戦略のコマとして〝うまく使われる〟ことが、自らの実力を磨きながら次のステップアップへのチャンスをつかむ秘訣だ。

〝うまく使われる〟とは、PＩから与えられた課題をただ単にこなすのではなく、付加価値をつけて達成することである。与えられた課題をPＩに指示されたとおりに着実にこなす能力は〝Excellent〟と好意的に評価されるだろう。しかし指示されたことをマニュアルどおりにやるだけでは、所詮PＩの期待の範囲内でのパフォーマンスで、せいぜい〝Excellent なテクニシャン〟レベルの評価しか受けない。若手として頭角を現すには、期待以上のパフォーマンスを示すことだ。

研究プロジェクトでもビジネスプロジェクトでも、未知のものに挑む場合には、不確実性を相手にするため、事前にすべてを予想することはできない。マニュアルにのっていない予想外の事態がしばしばおこる。そのときPIからの指示待ちをするのではなく、自力で問題解決するために試行錯誤を行う勇気を持ち、PI以外にもいろいろな人に相談するコミュニケーション能力を発揮して、プロジェクトを進める。結果的には最初に指示されたものとは違う方法を用いてでも、PIが指示した目的を達成することで、大きな付加価値をつける。このような期待以上のパフォーマンスは〝Remarkable〟と評価されるだろう。

Remarkable 人材の強みと限界

「Excellent」は想定範囲内、一方「Remarkable」とは期待をポジティブに裏切る評価だ。Remarkable 人材は予想もしていなかったアイデアやリソースの組み合わせを試行錯誤することで、新たな問題解決のきっかけを作り、イノベーションをおこすポテンシャルを持つ。イノベーションを技術革新と狭義にとらえるのは正しくない。イノベーションの語源は〝新しい組み合わせ〟のことだ。既存のものを新しく組み合わせることで、新たな価値を生み出すことがイノベーションだ。

PIのアイデアにRemarkable人材のアイデアを組み合わせることがイノベーションにつながる可能性を生む。

Remarkable人材を部下に持つ上司やPIは幸運だ。上司やPIがたとえ凡庸なグランドデザインを与えても、予想もしていないような画期的な成果を出してくれることがある。そうすれば、上司やPIはプロジェクトをグランドデザインした責任者として、チームの成果のクレジットの全部または一部を享受することができるので、Remarkable人材を部下としてできる限り長く自分のチームに置いておきたいと考えるだろう。

しかしRemarkable人材には賞味期限がある。Remarkable人材の市場価値は若手であるからこそ高い。グランドデザインが不完全でも付加価値を与えて結果を出すという〝うまく使われる〟ことに高い人材価値がある。上司は年下の部下でないとうまく使えないものだ。若手でないと上司にうまく使ってもらえないが、うまく使われることだけを何年も続けても、部下が手にすることができるクレジットは限られている。そのうちある年齢を超えると、上司も使いづらくなる。キャリアパスの選択肢は徐々に狭くなり、人材価値は目減りしていく。

上司が行ったグランドデザインに付加価値を与えるポジションに甘んじれば、チーム内での良い評価は獲得できても、外からの高い評価を得ることは難しい。人材としての市場価値は外からの評価で決まる。市場的な人材価値を失い、転職できなくなれば現在のポジションにしがみつくしかなくなる。４章で話した勇気あるフォロワーを目指すのも悪くはないが、自分でグランドデザインを描くことに興味があるならば、人材市場価値の賞味期限を意識して行動をおこした方が良い。

35歳からの迷いの10年間：Remarkableな人材からの脱皮

研究者としての将来を見出せずにいる学部生Aさんや大学院生Iさんに、私が同じように将来に悩んでいたときの話を聞いてもらいたい。私個人の経験としては35歳から45歳までが研究者という職業から転職することを最も考えた時期であった。前述の大前研一氏が心配するようにこの時期に守りに入ることはなかった。しかし、かといって攻めているという意識はなく、とにかく迷っていた。33歳のときに臨床医を一時的に休んで米国にポスドクとして留学した。大学を卒業してからずっとアカデミックなキャリアパスを追い求めてきたが、米国留学をきっかけに、医師や大学の教官以外にも多様なキャリアパスが可能であることを、現実のものとして感じられるようになった。今まで信じて疑わなかった「研究者としてやっていくこと」に不安を覚えた。

当時のハーバード大学のラボでは私はRemarkableなポスドク人材であり、ボスのグランドデザインに付加価値をつけ、CellやNature姉妹誌に論文を発表していた。そして次のステップとしてみずからがＰＩとなり独自のグランドデザインを描く準備をしていた。２０００年代はじめの米国は好景気に支えられ、潤沢な研究費を調達することもハーバード大学ではそれほど難しくはなかった。優れたアイデアと実行力があれば、英語のうまくない日本からの移民でも大きな成果を出すためのチャンスが与えられた。自分の知的興味を追究するアカデミック・フリーダムという自由を、高いレベルで手に入れようとしていた。

しかし自分でグランドデザインを描く大きなチャンスを目の前にして、急に怖くなった。本当に自分でグランドデザインが描けるのだろうか。新たな研究のアイデアを自分でどんどん出し続けることができるのだろうか。アイデアが枯渇してしまうのではないかという恐怖感に押しつぶされそうになった。

Remarkableな若手人材としての当時の私は、ボスから問題が与えられれば、問題解決のためのクリエイティブな方法を見つけ出し実行することには自信があった。しかし解決すべき重要な問題を設定するグランドデザインの能力には自信はなかった。白紙に自分が最初に文字を書くというグランドデザインの自由度の大きさに足がすくんだことへの揺り返しとして、むしろ自由度が制限された、しかしクリエイティブな仕事への転職を考えた。

まずコンサルタントへの転職を考えた。世界最強のコンサルティング・ファームとして有名なマッキンゼー&カンパニーが、医師や研究者のキャリア経験を持った人の中途採用リクルートを行っていることを知り、フォーシーズンズホテル・ボストンで開催された米国留学している日本人のための説明会に参加した。企業や政府といった顧客の依頼により、問題を解決するという仕事が魅力的であった。外部からまず問題が与えられ、それを解決することが仕事なので、自分でグランドデザインをしなくていい。第一歩は受け身であり、生みの苦しみがないことが心地よく感じられた。実際には1つの問題を徹底的に考え、高価なコンサルティング料金に見合う価値を出さなければならないので、精神的にも体力的にも楽な仕事ではないだろうが、そのときにはそう感じられた。

マッキンゼー以外のコンサルティング・ファームにもコンタクトを取り、コンサルタントへの転職を考えながら、別ルートで外資系製薬会社の臨床試験などをマネジメントするメディカル・オフィサーのポジションも探した。メディカル・オフィサーも与えられたミッションを遂行する事務職なので、自分でやるべきことをゼロから作り出さないといけないという無限の自由に対する不安とは無縁であると感じられ、退屈かもしれないが安心してできる仕事に思えた。この時期にはノン・アカデミック&ノン・トラディショナル・キャリアへの転職を本気で考えて情報収集し、さまざまな業種の人と話をした。

探求の果てに覚悟が決まる

ノン・アカデミック&ノン・トラディショナル・キャリアへの転職を試行錯誤した末に、トラディショナルなアカデミックキャリアに残る決断をした。転職しない決断をした何か具体的なきっかけがあったわけではない。転職のコストとベネフィットも考えたが、それだけでは決断にはいたらなかった。いろいろ迷って回り道をしているうちに、ＰＩとしてグランドデザインする自由と恐怖を受け入れる覚悟ができたのが正直なところだ。いつまで自分の知的好奇心が持続するか分からない。いつかアイデアは枯渇してしまうかもしれないが、そのときまではやってみよう。自分で行ったグランドデザインがうまくいく保証はないが、失敗であったと分かるまでやってみよう。自分が無能であることが判明し、大学から追い出されるまではやってみようと思えるようになった。

ハーバード大学などの米国のリサーチユニバーシティーではグラント（研究費）が取れなくなれば、ＰＩは研究室を閉じて出ていかなければならない。セカンド・チャンスがある場合もあるが、グラントが取れなくなってＰＩが去り、研究室が消滅する光景は珍しくはない。研究者としての引き際を自分で心配することはないのだ。グラントが取れなくなれば自動的に追い出される。最初はこれが不安の根源であった。成果を出せずに、戦力外通知を受け、失業することが怖かった。

しかし、ＰＩ研究者としての能力が足りないことが判明すれば、自分では進退を決める勇気がなくて、不良債権として大学組織にしがみつき、さらし者になる屈辱よりも、トップダウンで強制的に引き際の引導を渡してくれることの方がさっぱりして良いと思えるようになった。引導を渡されたときには、そのときに次のことを考えようと開き直れた。捨てる神あれば拾う神あり。“When one door shuts, another opens”だ。「ハーバード大学では通用しなかったが、別の大学や研究所でセカンド・チャンスがあるだろう。もしなくても、ノン・アカデミック&ノン・トラディショナル・キャリアパスの事情もある程度分かったので、決して露頭に迷うことはないだろう」と思えるようになっていた。

T・S エリオットは「われわれは探求をやめない。そして探求の果てに、出発した場所に戻り、はじめてその場所を理解するのだ」と詠む。最終的に選択や決断は変わらないかもしれないが、いろいろ脇道にそれながらもがかないわけにはいかないのだ。そして回り道は、今ここにいるために必然であったと後になって分かる。

学部生Aさんは、若いうちは上司やPIにRemarkableな人材としてうまく使ってもらいながら、進む道を模索していけば良い。いずれは自分が目指す方向もはっきりと見えてくる。

不安を打ち消す方法

このようにPIとして米国で独立した研究室をはじめた時期には、本当に自分がずっとプロとして研究ができるのかという不安とストレスに押しつぶされそうな日々が長く続き、常に逃げ出したいという気持ちがどこかにあった。新たなプロジェクトを考え創造的なことをしたいという情熱があった反面、うまくいかなかったらどうしようと失敗したときのバックアップとして、より安全で保守的なキャリア選択を頭の中では考えていた。しかし安全で保守的なキャリアパスを考えはじめるときりがなかった。安全策を考えれば考えるほど、むしろ不安感は増強された。

守りではなくむしろ攻めの姿勢、つまり新しいことにチャレンジしているときの方が不安を忘れることができ、精神的には安定した。人生やキャリアに不安感を持ってしまったときには、とにかく攻めの姿勢を貫く方が良いと私は感じている。新たなノン・アカデミック&ノン・トラディショナル・キャリアへの転職を試行錯誤し（結局そのような転職はしなかった）、新たな研究プロジェクト立ち上げたり（いくつかは成功、そのほかは陽の目を見ず）、自分の研究をシードとして起業しようとしたり（リーマンショックがおこり失敗した）、また米国内のいくつかの教授のポジションにもアプライした（オファーはもらったが最終的には条件が折り合わず）。そしてブログをきっかけに出版社の編集者と出会って本の執筆にもチャレンジした。とにかく新たなことをはじめ何かにチャレンジすることが、漠然とした不安感を打ち消すことには良い方法だと経験から理解した。

そもそも人には何もしないでいると悪いことを考えてしまうという習性がある。何か打ち込めることがある状態が精神衛生上は一番良い。多忙な仕事が一段落して、いろいろ考える精神的な余裕ができたときが、むしろ心に穴が空いて不安にさいなまれやすい。もちろん程度の差はあるが、自分が幸せかどうかなど、考える暇がないほどに忙しい状態が一番幸せなのかもしれないと思う。だから私はいつでも何か取り組むべきプロジェクトがあることが、とても嬉しい。常に複数のプロジェクトにかかわるように心がけている。

プロジェクトはどんなものでもいい。今までの自分の経験と、身につけてきた問題解決能力を活かすことができるプロジェクトであれば、楽しんでやることができる。自分がグランドデザインした新しいプロジェクトに加え、他人がグランドデザインしたプロジェクトに付加価値を与えるために新規参加することもある。後述するパスカルが「パンセ」で述べた〝ウサギ狩り〟に行くように、新しいプロジェクトをするのが好きだ。

新しいことができなくなったら自分はもう終わりだと思っている。新しいことをやればもちろん成功することもあれば失敗することもある。しかし何か新しいことにチャレンジし失敗すれば、そこでチャレンジしなければ決して得ることのできない貴重な学びが生まれる。そう考えれば挑戦し失敗しても私個人には大きな〝報酬〟がある。しかし周りには迷惑をかけるかもしれない。失敗するリスクが高いのであれば、何もしないことの方が、周りに迷惑をかけず全体最適化につながることもあるだろう。失敗しても学びがあるから良しとするのは個人レベルの局所最適化であるため、全体最適化には程遠いこともありえる。それでも失敗してでも新しいことをやってみたいという欲望をしばしば私は抑えることができない。人に迷惑をかけてでも、何か新しいことを常にやっていないと気が済まないところがある。

人には新しいことをはじめたくなる欲求が生来備わっている

人には、同じルーティンを繰り返すことに耐え切れずに、新しいことをはじめずにはいられないネオフィリア（Neophilia：新しいもの好き）という習性がある。日常的にはネオフィリアという習性のおかげで、私たちは新商品にはついつい財布の紐を緩めてしまう。もっと壮大なレベルで見れば、ネオフィリアは人類の繁栄には欠かせなかったと考えられる。ネオフィリアという習性のためアフリカで生まれた人類の祖先は旧大陸にとどまらず、世界中に広がることになった。ネオフィリアの強弱、つまり新しいもの好きかどうかを脳内ドパミンレセプターＤＲＤ４の遺伝子多型が決めているのだが、ネオフィリアが強いほど、より遠くまで移動するのだ。ネオフィリアのおかげで人は本来「行動しながら考える」ものらしい。

しかしネオフィリアはさまざまな問題行動とも関連が深い。「人間は考える葦である」で有名なパスカルは人間の愚かさはネオフィリアに由来すると指摘する。

人間の不幸などというものは、どれも人間が部屋にじっとしていられないがために起こる。部屋にじっとしていればいいのに、そうできない。そのためにわざわざ自分で不幸を招いている。〔「暇と退屈の倫理学　増補新版」國分功一郎著（太田出版）より引用〕

じっとしていれば何もおこらないのに、そうできずに動き出すから、良いこともおこるかもしれないが、もっと多くの問題がおこるのだ。動き出せば多くの問題がおこるのはどうしてだろう。人は自分の欲するものが分かっていないからだとパスカルは〝ウサギ狩り〟をする貴族を例に説明する。人がウサギ狩りに行くのは獲物がほしいからではない。パスカルはいう。これからウサギ狩りに行く人に、「ほらっ」とウサギを手渡せば、きっと嫌な顔をするだろうと。ウサギ狩りに行くのは暇を潰すためだ、退屈から逃れたいためだ。暇で退屈なら、人の思考はネガティブに自然に流れる。そうすれば不安になる。だから新しいことをして暇を潰すのだ。しかし狩りをしている本人は必ずしも、本来の目的を意識していない。本来の目的を意識せずに行動するから問題がおこる。

挑戦する方が長期的には得られるものが多い

パスカルがここまで考えたか定かでないが、新しいことをはじめれば成功することよりも、失敗することの方が多い。新しい行動をおこせば、良いことよりも多くの問題がおこるかもしれない。新しい行動の目的は、所詮建て前で、突き詰めれば暇つぶしなのかもしれない。このような愚かさにもかかわらず、新しいことをはじめることに私は価値を見出す。不安を打ち消すこと以上の価値を認める。

ネオフィリアに導かれアフリカから新天地を求めて出た私たちの祖先は、新しいものを好んだために多くの苦労をして危険な目にあい、一部は命を落としたかも知れないが、ついには新天地を切り拓き人類繁栄の基礎をつくった。私はネオフィリアは短期的には苦難を産んでも、長期的には善であると信じる。全員が新しいことをする必要はないが、新しいことをする人が一定数必要だ。そして私は新しいことをする人でありたい。

しかし私たちの多くは、新しいことに挑戦することへしばしば恐怖心を抱く。人は新しいことを好みパイオニア精神をサポートするネオフィリアを持つ反面、新しいものを避けたがるネオフォビア（Neophobia：新奇恐怖症）という習性も持つ。人は変化を恐れる生き物だ。新しいモノや変化を恐れ、危なそうなものには近づかない方が原始的な環境では生命を維持するには適している。ネオフィリアとネオフォビアのバランスが新しい行動をおこすのか、その場にとどまるのかを決定するのだろう。ネオフィリアは遠心力、ネオフォビアは求心力と考えてもいい。彼方の新天地を追い求める遠心力と、生まれたこの場にとどまりたいという求心力のバランスが取れた地に人は文化を形成する。研究者として成功する自信を持てない大学院生Ｉさんが自信をつけるには、まずは新しいことを自分ではじめてみると良いだろう。失敗しても生命の危険にさらされることにはならないのだから、ここはネオフォビアを抑えて行動してみてほしい。

40代以降でもできる新しいことのはじめ方

新しいことをはじめることをためらう際に、年齢のことを引き合いに出す人がいるが、実際に年齢は障壁になるのだろうか。40歳をすぎれば、自分はもう若くないので新しいことには挑戦できないとよく人は言う。しかしサルを用いた研究では、ネオフィリアが年齢とともに低下することは認められない。若くないので新しいことに挑戦できないのは、本能の問題ではなく、社会的な要因から刷り込まれたマインドセットである可能性が高い。つまり思い込みということだ。

40代になってもう新しいことはできないと思い込めば、守りに入るしかない。今のポジションにしがみつくしかなくなる。守りに入ったまま定年までの20年あまりを過ごすのは苦しい。新しいことをはじめたいができない40代はもっと辛いかもしれない。40代での再就職は確かに難しいだろうが、新しいことをするとは転職のことを言っているのではない。もっと広義の新しい経験のことをここでは指している。

新しいことをはじめたいときにはどうするのが良いだろう? まず入門書で勉強し知識をつける、社会人大学院に通う、オンラインで学んで新たな資格を取る、など考えるかもしれない。新しいことをはじめる第一のステップは、新しい知識や考え方を身につけることとするのが普通である。

しかし、40代から新しい知識や考え方を身につけるのは簡単ではない。新しい知識を定着させる記憶力が低下しているのが原因ではない。40代になれば今までの社会人経験で、その職種や業界に特徴的な考え方（＝フレーム・ワーク）がすでにできてしまっている。エキスパートとはある特定の知識や考え方のフレームワークを身につけた人のことであるから、これは必ずしも悪いことではない。自分の専門の範囲の事象はこの考え方のフレームワークに沿って効率的に理解され、迅速で質の高い問題解決が可能である。

しかしいったんフレームワークができてしまうと、自分の専門外のこともまずこのフレームワークを通して理解しようとしてしまう。よく似た領域では役に立つが、まったく新しい分野を理解するには、むしろ妨げになる。まったく新しい分野を理解するには、まず既存のフレームワークを破壊し、その後新たに再構成しなくてはならないので、苦労するし時間もかかるので、なかなか結果を出せない。そのうちに挫折してしまう。

ではどのようにして新しいことをはじめたら良いのか？　40代以降に新しいことをはじめるときには、新たな知識や考え方を身につけることからスタートする方法を取らない方が良いと思う。その方法はまだ考え方のフレームワークが固まっていない若い人向けだ。40代以降には新たな知識や考え方を獲得することが簡単ではないので、これに固執すると、いつまで経っても良い結果が出せず挫折してしまう。40代以降に新しいことをはじめて、挫折せずに結果を出すにはマサチューセッツ工科大学教授のダニエル・キム氏の提唱する成功循環モデル（Core Theory of Success）の考え方が役立つ。成功循環モデルのポイントは「良い結果を出すためには、何をするかではなく、誰とするかが重要である」だ。成功循環モデルは、そもそも企業やチームのパフォーマンス改善に関する理論であるが、個人にも当てはまると思う。

成功循環モデルにしたがえば、40代以降に新しいことをはじめるためには、新しい知識や考え方を身につけることに腐心するよりも、その新しい分野に関係する良いコラボレーターやパートナーを見つけることが先決である。40代以降に新しいことをはじめるなら単独では結果を出すのは難しい。良いコラボレーターやパートナーとのチームプレーが必須だ。成功循環モデルのサイクルは、コラボレーターとの良い人間関係を築くことからはじまる。人間関係の質が高まれば、新しい考え方や知識のエッセンスをビビッドにそのコラボレーターから学ぶことができる。そうすれば最初はコラボレーターやパートナーの助けを得て、その後は独自で新しいことを行動に移すことができる。そして新しい分野で良い結果を出すことができる。良い結果が出せれば、コラボレーターやパートナーとの信頼関係も強化され、そのサイクルをクオリティを上げながら回すことができる。

社会に出た後に新しいことを学ぶために大学や大学院に入り直すことは悪いことではない。教養をつけるための趣味が目的ではなく、新しいことをして良い結果を出したいのなら、重要なのはそこで何を学ぶかではなく、誰と学ぶかである。新たなコラボレーターやパートナーを教官や同級生の中に見つけ、良い人間関係を育むことから成功循環モデルのサイクルがはじまることを思い出してほしい。新しい知識を学ぶことにだけに時間を割き、人付き合いに時間を惜しんでいては、成功循環モデルのサイクルはうまく回らない。社会人大学や大学院で学ぶことの効用は、新たなコラボレーターやパートナーを見つけることにある。

まとめ

- 若いうちは上司やPIにうまく使ってもらうことを考える。グランドデザインを描く責任を負う上司やPIから与えられた課題には、付加価値をつけて返す。
- 自分にグランドデザインを描く順番が回ってくれば、責任やプレッシャーは高いので、「ダメで元々、失敗してもそこから学べば良い」と開き直ることも必要。
- 40代で新しいことをはじめて成果を出すには、独学（ソロ）で勉強し知識や資格の習得に走るのではなく、「成功循環モデル」にしたがい、良いパートナーやコラボレーターを見つけ、人間関係の質を高めることからはじめるのが良い。

第7章

戦略的に楽観主義者になろう

——失敗に対する耐性をつけ、研究を好転させていく方法

戦略的に楽観主義者になろう

──失敗に対する耐性をつけ、研究を好転させていく方法

私事で恐縮だが最近クヨクヨ悩むことが少なくなった。本来どちらかといえば楽天的であった私は、39歳のときにボストンでのあることをきっかけに悲観的なものの見方をするようになってしまった。しかし年齢とともに、その悲観主義を乗り越え徐々に楽観主義的なものの見方を取り戻してきた。本書のメインテーマである「行動しながら考えよう」は、クヨクヨと悲観的に考えて不安に足を絡め取られてしまうのではなく、動きはじめればどうにかなると考え、とりあえず行動しようという楽観主義のすすめである。ではどうすれば楽観主義者になれるのか？ 最終章では楽観的になりたいと悩むポスドクDさん（序章のケース4）だけでなく、すべての悩める若手研究者と、彼ら／彼女らを指導する中堅研究者に向け、戦略的に楽観主義になる私なりの方法を提案する。

とある日本人のお金持ちが手に入れられていないもの

芸能界きっての戦略家・島田紳助氏が、かつて多くのテレビ番組のMCとして活躍し、高額納税者芸能人の1人として大成功をおさめていたときに、こんな告白をしていた。「私はお金でほとんど何でも手に入れることができた。しかしお金では最後まで手に入れることができなかったものがある。これさえあれば私は幸せになれたのに。でもこれがないからいくら稼いでも、どれだけテレビに出ても幸せになれない。私のお金がいつか無くなるのではないか、いつかテレビでの出番がなくなるのではといつも心配だ。私がお金で手に入れることができなかったあるものとは、楽観主義だ」。一字一句は覚えていないが、ざっとこのようなことを話していた。いくらお金をたくさん持っていても、どれだけ今仕事で成功していても、楽観主義者でなければ、お金がいつか無くなるのではないか、この成功をいつか失うのではないかと心が休まることはない。お金を稼げば稼ぐほど、成功すればするほど不安になっていく。対照的に、たとえお金持ちでなくとも、楽観主義者であればまあ何とかなるさとか、お金がなくなれば本気を出してまた稼げば良いと考えることができるので、不安を感じることなく幸福でいることができる。

楽観的になりづらい日本人

今の時代、将来のことを考えだすと誰もが不安をいだき、楽観的でいられないと悩む人は多い。しかし、そもそも人はかなり楽観的にできているらしい。認知行動科学的には、人は現実よりも良い方に解釈するという楽観主義バイアスを持つという習性があるという。楽観主義バイアスの強い人ほど楽観的で、良い現実はより良く、悪い現実も差し引いて割と良く解釈できる。しかし楽観主義バイアスが弱ければ、現実をありのままに解釈できるが、現実は良いことばかりではないので、結果的にその人は悲観的なものの見方をすることになる。

もしかすると、あなたは自分のことを楽観主義ではなく悲観主義だと主張したいかもしれない。しかし、おおむねほとんどの人が何らかの楽観主義バイアスを持っていると考えられる。例えば米国では統計上半分のカップルが離婚する。結婚した10組のカップルのうち、5組までが数年以内に離婚するらしい。離婚すれば財産分与など非常にストレスのある手続きに進まなくてはならない。統計上離婚率は50%なので、2組のカップルのうち1組は悲惨な目に遭うことを認識していても、多くの人は結婚することをやめようとしない。

あるアンケート調査によれば、今まさに結婚するカップルが予測する離婚率は0%だ。現実には2組に1組のカップルが離婚するのが現実だが、自分だけは離婚しないと思い込むことができるのは楽観主義バイアスの力だ。さらに楽観主義バイアスは失敗を経験してもへこたれないタフなマインドセットを作る。だから悲惨な目に遭ったはずの離婚経験者もまた再婚をする。イギリスの文学者サミュエル・ジョンソンは「再婚とは経験に対する希望の勝利である」と表現した。

現実は1つだ。楽観的に解釈しようが悲観的に解釈しようが「目の前の現実」は変わらない。しかし楽観的に物事をとらえるか、悲観的に物事をとらえるかで、「その後の人生」は変わってくるだろう。ポジティブ心理学は楽観的になることが人生の成功につながると説く。楽観的な人の方が社会的に大きな成功をおさめるのかどうかについては、まだ議論の余地がある。楽観主義バイアスと社会的成功や健康との相関研究でときとして相反する結果が出るのは、楽観主義バイアスも強すぎると害になるからだ。ただ明らかなのは楽観主義バイアスの強い人は幸福度が高く、そしてうつ病になりにくく、困難な状況に打ち勝つことができるということだ。

楽観主義バイアスのレベルは国民によって大きく異る。ウィスコンシン大学が行った266の臨床研究結果のメタ・データ解析によれば、検討した16の人種・文化圏のなかで楽観主義バイアスのレベルは米国人が最高、東欧・ロシア、アフリカと続き、日本人が最低であった。日本人以外のすべての人種・文化圏には多少なりとも楽観主義バイアスが認められたが、なんと唯一日本人には楽観主義バイアスが認められなかったのだ。

うつ病患者では楽観主義バイアスが減少することが知られているが、米国人うつ病患者でさえ、少しではあるが楽観主義バイアスが認められたにもかかわらず、日本人の場合は健康人対象の研究でもメタ解析では楽観主義バイアスが認められなかったのだ。全地球的に見ても、物事を楽観的に見ることがこんなにも苦手な日本人が、いかにして楽観的視点を手に入れれば良いのだろうか。この切実な国民的問題に立ち向かうために、本章冒頭で触れた私の39歳のときの体験をお話ししたい。

楽観主義者は失敗したときには運のせいにする

私はもともと楽観的にものを考える方であった。だから大学院生のときに、卒業後は世界一の研究室に留学したいと考えた。1990年代中頃はインターネットで簡単に検索するわけにはいかなかったので、図書館にあったトンプソン社の発表した医学・生物学研究の分野で論文が最もよく引用されている研究者のランキングを調べた。世界1位がハーバード大学の Timothy A. Springer、世界2位がスタンフォード大学の Eugene C. Butcher であった。当時大した業績もない大学院生であった私は、大胆にも早速その2人にそれぞれポスドクとして働きたいので、インタビューしてくれるのなら自費で米国に会いに行くと手紙を書いて航空便で送った（Eメールもそれほど普及していなかった）。Springer 教授からはFAXで、Butcher 教授からはEメールで返事が来て、インタビューしてくれるというので、学会発表で渡米の機会を利用して、スタンフォード大学とハーバード大学に寄ってセミナーをしてインタビューを受けた。双方からオファーをもらったが、より挑戦的なプロジェクトを提案してきたハーバード大学の Springer ラボに行くことした。

Springer 教授がオファーしてくれた挑戦的なプロジェクトとは、膜タンパク質であるインテグリンの活性型コンフォメーションの合理的デザインと結晶構造解析がテーマであり、当時の私には全く知識も経験もなかったので、すごいことをやるという以上のことは正直理解していなかったが、やれば何とかなると思っていた。

日本を発つときの大阪大学の研究室（医局）の送別会では、「3年米国で研究してCellに論文を必ず出します。もし達成できなかったら、自分には研究する素質はないと諦め、研究から足を洗い、帰国して臨床一本で生きていきます」と教授などの医局員全員の前でとんでもない宣言をした。当時はとても楽観的で、怖いもの知らずであった。

ハーバード大学留学中は3年でCellに論文を出すことはできなかったが、自分の実力がないのではなくただ運が悪いのだと言い張り、さらに2年間留学を延長して5年目についにファーストオーサーでCellだけでなくImmunityにも論文を出版した。心理学の本を読んで最近になって知ったが、楽観主義者の特徴は、成功したときは自分の実力であると考えるが、失敗したときには運が悪いのだと考えることである。当時の私は楽観主義者であった。米国人は楽観主義者が好きである。研究所の所長やデパートメントチェアにウケが良かった私は、独立して研究室をはじめるオファーをもらった。39歳のときであった。

チャンスの女神には前髪しかない—Seize the fortune by the forelock

オファーはその場で即受け入れた。「プロはチャンスを逃さない。なぜならチャンスをつかむかどうかを悩むのではなく、まずつかんでから悩むからだ」的なセリフをさいとう・たかをの漫画「ゴルゴ13」で読んだ記憶があったので、無意識のうちに実践して即OKしてしまった。OKした後にとても不安になり悩んだ。当初は、せいぜい留学3年で帰国して大阪大学の任期なし助手（助教）のポジションに戻り公務員として、安定したキャリアを送る予定であった。しかしハーバード大学でオファーされたテニュア・トラックのアシスタント・プロフェッサーのポジションは、スタートアップ資金は与えられるが、3年以内に研究費と自分とスタッフの給料のすべてを外部資金から調達できなければ契約更新のない、ハイリターンであるがハイリスクなポジションであった。

この頃から、うまくいかなければどうしようかと徐々に悲観的に考えるようになった。オファーは受け入れてしまったので、やるしかないのだが、うまくいかなかったら日本にはポジションがないので3年で失業してしまうという不安は強くなった。なんとか合法的に気持ちをハイにしようと、まずは朝からスポーツクラブに行き激しい運動をした。そうすれば内因性に脳内麻薬様物質が分泌されるのではないかと考えた。またアルコールの力を借りるために、ウィスキーボンボンをオフィスの引き出しに入れ、時々チョコレートを食べるふりをして合法的にドーピングしていた。しかしこのときにはいろいろ本を読んで転職や逃避を考えたり、他職種の人にも相談しているうちに、ハーバード大学でクビになっても、命まで取られるわけではないので、日本に帰って、最後はハローワークに行けば良いという開き直った気持ちになれたので、腹をくって研究室の立ち上げに集中することができた。

強い研究費申請書と引き換えに悲観的になってしまった

米国でＰＩとして独立して研究室をはじめるアシスタント・プロフェッサーの最も大切な仕事がＲ０１と呼ばれるＮＩＨ（米国国立衛生研究所）からのグラント（研究費）を獲得することだ。申請書の書き方については身近にGrantsmanship（アートとしてのグラントを書く能力と技術）を持ったテニュア大教授が数人いて、直接学ぶ機会があったので、自分のやりたい研究についての計画を書くこと自体は、英語の問題を別にすればそれほど難しくはなかった。競争の激しいなかで査読者から高い評価を得るために特に重要なのが、申請書中の"Pitfalls and Alternative Approaches"セクションをうまく書くことだと学んだ。

このセクションでは研究計画がうまくいかないシナリオ（= Pitfalls：落とし穴）について できる限り何通りも具体的に書き出して、それぞれについて対処法（=Alternative Approaches）を記載することが要求される。大学院生やポスドクのときには研究計画の原案はボスから与えられた。計画がうまくいかないシナリオについてはそれほど深く考える思考回路を鍛えていなかったので、新鮮であった。経験を重ねながら"Pitfalls and Alternative Approaches"セクションを書く訓練をして、とことんまで自分の研究計画の弱点やうまくいかないシナリオについて熟考し、その対処法を提案するライティングの技術と思考法を磨いた。

英語ネイティブでないハンディキャップを補ってハーバード大学で米国の強力な研究者と対等に戦うには、あまりにも時間がなかったので、すべての時間を申請書を書くことに費やすことにした。スタートアップ資金を投資してテクニシャンとポスドクを雇い、実験をすることは彼らに任せた。このときに自分で実験することを完全にやめて、申請書を書くことにだけ数年間集中した。そのかいあって強い申請書を書く能力は著しく向上し、最初の数年でR01を含む複数のNIHグラントを獲得することができた。NIHグラントの審査員にも選ばれたので、他の研究者の申請書から学ぶ機会も与えられ、"Pitfalls and Alternative Approaches"セクションを書くための思考回路がさらに磨かれた。どんな研究計画を見てもすぐに弱点を見つけ、うまくいかないシナリオが頭に浮かぶようになった。対処法も浮かんだが、その対処法がさらにまたうまくいかないシナリオも浮かんだ。頭が良くなったようで嬉しい気持ちもあったが、研究面で磨かれたこの思考回路が日常生活にも影響をおよぼすようになった。

"Pitfalls and Alternative Approaches"セクションをうまく書くコツは、楽観主義バイアスを極力抑えることだ。現実を過大評価しないように努め、すでに証明されたこと以外はすべて間違いである可能性をまず考慮する。そして間違いであったときにどう対処するかを考える。"Pitfalls and Alternative Approaches"的な思考回路は冷静と悲観主義との間のきわどい線上を歩くようなものだ。一歩間違えば、すべての現実を必要以上に悪く見てしまう。研究計画書を書くうえでは良いとしても、日常生活で"Pitfalls and Alternative Approaches"的な思考回路が働くようになると何事も手放しに喜べなくなる。特に自分のキャリアパスや人生計画を考えるときには、どういう風に人生がダメになるかのシナリオを考え、そのときどう責任をとるかを考えずにはいられなくなる。人生がダメになるシナリオが浮かんでも、対処法が思いつけば気持ちは落ち着くが、対処法に考えがおよばない人生最悪のシナリオはいくつもある。こうなると楽観的人生観が薄れていき、徐々に悲観的に物事を考えるようになってしまう。

「楽観的に構想し、悲観的に計画し、楽観的に実行せよ」とは、京セラの創業者・稲盛和夫氏の経営哲学であるが、「悲観的に計画する」が、〝Pitfalls and Alternative Approaches〟的な思考に相当する。稲盛氏のこの哲学は一般的には正しいが、ある条件がつく。ある条件とは「構想する時期、計画する時期、実行する時期が独立して訪れる」ことである。もしそうであれば、稲盛氏の経営哲学は普通の人にも実践できるかもしれない。しかし不確実性が高い現代社会では、第1章で説明したように愚直なサイクルを回すことが成功の鍵だ。構想・計画・実行はダイナミックに繰り返され、修正を要求されるので、構想・計画・実行は時間的に大きくオーバーラップする。悲観と楽観を1人の人間のなかに同時に共存させるのはかなり難しく、おそらく普通の人にはできない。

いかにして戦略的に楽観主義を手に入れるか？

「悲観的に計画する」ことが習慣化してしまい、人生を楽観的に謳歌できなくなった私がいかにして「楽観的に構想・実行」できるようになってきたのかをお話しする。「悲観的に計画する」と何か新しいことをはじめることが困難になる。今までやった経験のあることを行うのであれば、過去の経験が担保となり計画通りにいくことが想定される。しかし、新しいことはやったことがないので、計画通りいくかどうかは定かではなく、当然失敗するシナリオとそれに対する対処法を想定しなければならない。つまり新しいことをするにはリスクを取らなければならない。

短期的なリスクを最小化したいのであれば、新しいことをしない方が良い。しかし、新しいことをしなければ、成長することはない。にもかかわらず世の中は変化し、リスクを取って新しいことをしながら成長する潜在的なライバルは必ず出てくるので、長期的にみれば、新しいことをせずに現状維持に奔走することは逆にリスクが大きい。ただ、「苦い良薬」を進んで飲み続けるのが簡単でないように、長期的なリスクを軽減するために、短期的にリスクの高い行動を進んで取ることは簡単ではない。

悲観主義と新しいことができないこととは単に原因と結果ではなく、双方向性のつながりがある。悲観主義だと新しいことができなくなるが、もし何らかのきっかけで新しいことができるようになれば、悲観主義から脱することができると思う。私の場合は「悲観的に計画」しながらも、楽観的に実行する気持ちを取り戻すきっかけとなったのは、ある仕掛けを使い新しいことをはじめることができたからである。公私にわたりいくつかの新しいプロジェクトをはじめることができたことがきっかけとなった。

新しいプロジェクトを幾つかやってみて分かったことは、すべてのプロジェクトはとりあえず最初は失敗するということだ。自分がやるプロジェクトはまず失敗するという諦観を学んだ。そして希望も手に入れた。プロジェクトを失敗しても命までは取られないと実感できたことである。実は1回失敗してからが、プロジェクトの本当のスタートであるという経験則も学んだ。失敗の原因となった問題を解決することがＰＩの本当に重要な仕事である。失敗を経験し、そこから学ぶことを積み重ねていけば、「悲観的に計画する」ことで浮かび上がる失敗のシナリオ、失敗の予感に対する耐性ができてくる。そして徐々に楽観的なマインドセットを取り戻すことができた。

つまり、新しいことに挑戦すれば、失敗しても成功しても貴重な経験を心と体に刻むことができるので、その刻印が悲観主義に由来する不安感に対抗する力をつけてくれると言える。

しかし、そもそも失敗することが怖くて挑戦できないことが問題なのに、挑戦することがその恐怖を和らげる最高の方法だと言われても解決にならないと賢明な読者は思うだろう。そのとおりである。「挑戦して失敗する恐怖に打ち勝つ最高の方法は、まず挑戦することだ」は矛盾している。「悲観的な考えを楽観的に変えるには、まず楽観的になることだ」と言っているに近い。

実は世の中の問題にはこのような矛盾する構造を持っているものがいくつかある。たとえば「CEOになるための秘訣は、CEOの経験を持つことだ」とよく言われるが、それならCEOの経験のない人はどのようにしてCEOになるのだろうか。このように自分個人の力だけでは、ある壁を越えられない状態から脱出するには、偶然性や外部からの力を持ち込む以外に方法はない。例えばCEOの例では、たまたまどこかの企業のCEOに運良くなれたり、過去のCEO経験を問わないCEO求人に応募して選ばれたら、第1回目のCEO経験ができることになり、今後は別の企業でのCEOになりやすくなる。

コラボレーターに引っ張ってもらい、動いてみる

悲観的なマインドセットから抜け出すためには外部からの力が必要なので、ソロ（単独）で行動しないほうが良い。ソロでは失敗する恐怖をなかなか乗り越えられない。悲観的なマインドセットの持ち主の代表例としてよく使われるディズニーキャラクターのロバのイーヨー（くまのプーさんに登場）は、過度に期待して失敗することで心の傷が大きくなるのを恐れて、防御本能として事前の期待値をできるだけ下げてしまう。どうせ失敗すると期待しなければ、大きく落胆もしないし、恥もかかない。しかし、どうせ失敗すると思って行動すれば、高い確率で本当に失敗するであろう。失敗の予感が自己成就してしまうのだ。ソロで行動していれば、「どうせ失敗すると思って行動し、やっぱり失敗してしまい、期待しなくて良かったと自己正当化する」という失敗の予感の自己成就サイクルに入ってしまいやすく、いったん入るとなかなか悲観的なマインドセットから抜けられなくなる。

序章のポスドクDさんをはじめ、あなたを含めた日本人研究者は誰にも迷惑をかけずに事態が好転することを期待することが多くないだろうか。実は、悲観的なマインドセット

から抜け出すには、ソロでは行動せずに、コラボレーターを見つけて2人以上でプロジェクトに取り組むことで、楽観主義への突破口が開けることが多い。第6章で述べたように自分に経験のない新しいことをはじめるときには、その分野での経験のあるコラボレーターと一緒にやるのが最良の方法だ。

たとえばＮＩＨグラントはＰＩの専門領域以外におよぶ研究提案があるときには、適切なコラボレーターをリストアップしてチームを作っていることを公式に示さなければならない。コラボレーターが本気でプロジェクトに参加することを証明するために、具体的な共同研究内容を記載した自筆署名入りのレターをコラボレーターからもらい、申請書に添付しなければ査読者には信じてもらえない。新しい領域の仕事をはじめるときには、その分野で経験のあるコラボレーターの助けを得ることにより、ソロでは想定されるうまくいかないシナリオを、コラボレーターの存在下ではうまくいくシナリオへと１８０度変換することができる。

米国の小説家ジョン・スタインベックは「East of Eden」（邦題：「エデンの東」、早川書房）で〝自分への信頼がなくなれば、誰か強い信念の人を見つけ、その人の上着の裾にしがみつくしかない〟と書いた。かって私はこの文章をネガティブな文脈で「やるべきことが見えてくる研究者の仕事術」（羊土社）の中でとらえていたが、今は少し違う。自分への信頼を失い悲観的な状態にある人が、信頼を回復して楽観的になるには、まず行動が必要だ。しかしソロでは一歩踏み出せない。そんなときはまず〝誰か信念の強い人（＝コラボレーター）〟の裾にしがみついて、行動をおこすのは賢明な振る舞いであると思う。動けなくなってしまうぐらいなら、一時的には人に完全に頼っても良いのだ。

共同作業で生まれる奇跡の予感

コラボレーターといっしょに仕事をすることは奇跡をおこす。ソロで行動していれば、自分の居心地の良い範囲から逸脱するのは難しい。自分で何でも決められるが、限界も自分で決めてしまう。想定内の範囲内だけで行動し自分の殻に閉じこもりがちだ。しかしコラボレーターという他人といっしょに働けば、相手の行動や反応をすべて想定したり、コントロールすることができないから、常に自分の想定と違うことがおこる。これが奇跡の種だ。

コラボレーターとの共同作業は常に奇跡の種に満ちている。共同作業の結果は期待していたとおりの成果を出す場合もあれば、期待以下の場合も少なくない。しかしときどき、ソロでやっていれば決して達成できなかった、期待をはるかに凌ぐ素晴らしい成果につながることがある。これを奇跡と呼ぶ。自分以上の実力を発揮しようと思えば、ソロでは達成できない。ソロでは良い意味でも悪い意味でも自分を超えられない。しかしコラボレーターという他人を巻き込むことによって、大失敗するかもしれないが、大成功して自分を超える仕事（＝奇跡）が達成できる可能性が出てくる。

コラボレーションが奇跡をおこすのは、人が「誤読」をするからだ。自分が立てた研究計画を自分が考えたとおりに、自分で実行することはできるかもしれない。しかし、他人があなたの計画を、あなたが考えたとおりに完璧に実行することは原理的に不可能だ。あらゆる言葉はそもそも不完全なため、自分の頭の中にある考えを完全には他人に対して表現することはできない。全く同じ言葉であっても、発する人によって意味は微妙に違うし、また受け取る側によっても微妙に異なる。コミュニケーションの最中に言葉は常に誤読される。

言葉の不完全性のためにコミュニケーションの最中に意味は変化していく。これは伝言ゲームで、徐々にメッセージの意味が変化していき、最終的には原型を残さないほどコンテンツ（内容）が変わっていることに似ている。誤読がおこるので、コミュニケーションによりコンテンツに意図せずとも多様性が生まれる。多様性によりコンテンツは結果的に〝私〟にとって好ましい方向にブレることも、好ましくない方向にブレることもありえる。これは小さな遺伝子変化の蓄積が、長期的には生物の多様性や進化の源泉になっていることと同じ構造かもしれない。

ソロで仕事をしている限り誤読することはなく、コンテンツの多様性はもたらされない。良いコンテンツは良いままで、悪いコンテンツは悪いままである。しかしコラボレーターと共同作業をすれば、常に誤読がおこる。分野の違うコラボレーターとの共同作業なら、誤読の頻度やブレ幅もより大きく、コンテンツの多様性は必ず生まれてしまう。良いコンテンツも悪いコンテンツも、大きく変容する可能性が出てくる。そしてときとして奇跡的にコンテンツがハイ・インパクトに変容するときがある。これが〝奇跡〟だ。

コラボレーターとの共同作業が常に奇跡を生むわけではない。誤読のブレ幅が大きすぎれば、生産性が著しく低くなるかもしれない。しかし、がっかりしてすぐに共同作業をやめるのは得策ではない。すべてのプロジェクトはまず失敗することからはじまる。失敗ははじまりにすぎない。失敗を克服するために行う問題解決が実はコラボレーターとの共同作業の本番だ。ソロでは解決できないような問題も、コラボレーターとの共同作業ならば、アプローチに多様性が生まれるので解決できる可能性も高くなる。

第6章で説明した「成功循環の法則」を思い出してほしい。チームワークでの成功には何をするかではなく、誰とするか、つまり人との関係性の方が重要なのだ。コラボレーターとの人間関係の質が高まれば、おそらく誤読のブレ具合がうまく調整され、結果的に最初は予想もしていなかったような奇跡をおこすことが予感できる。奇跡を予感するとは、明日は今日より明るいと信じることであり、そうすればおのずと楽観主義が戻ってきて、あなたは力強く研究生活を歩めるようになるはずだ。

まとめ

- ソロで行動していると、悲観的な思考・行動サイクルに足を絡み取られてしまうことが多い。
- コラボレーターとの共同作業で新しいことに取り組めば、コンテンツの多様性を生み、ときとして奇跡的なパフォーマンスを達成できる可能性がある。奇跡的なパフォーマンスを予感することが、楽観主義的なマインドセットを身に付けるきっかけとなる。
- 自分への信頼を失い悲観的な状態にあるときは、誰か信念の強い人（＝コラボレーター）の裾にしがみついて、行動をおこすことを歓迎しよう。

あとがきにかえて

ある秋の早朝に羊土社の編集者と待ち合わせし、皇居外苑を歩きはじめます。2人ともスニーカーにスポーツウェアを着用したウォーキングスタイル。編集者の質問に答えるインタビュー形式で、本書の内容を総括するのが目的です。「五感で経験しながら考えよう」を実践するため、オフィスで座ってではなく、外を歩きながら話をすることにしました。

◆　◆　◆

行動しながら考える文章作成術

――早速ですが、今回は執筆がすごく速かったですね。

本の書き方がこの1年で大きく変わり、Apple の音声認識ソフト Siri と iPhone 版の

OneNoteを使って原稿の下書きを声でやるようになりました。経済学者の野口悠紀雄さんが「話すだけで書ける究極の文章法 人工知能が助けてくれる!」(講談社)で、同じようにSiriを使った音声入力での執筆法を書いていますが、私も2015年頃からこの方法を試してきました。Siriの日本語認識能が最近著しく良くなったので、とても快適に〝執筆〟が進みます。

これは本のテーマ「行動をしながら考えよう」にとても関連しています。執筆中に考えがまとまらず文章が書けずに止まってしまうことがよくあります。Writer's blockという状態です。一般には考えがまとまらないから筆が進まないのだと思いがちですが、必ずしもそうではなくて、〝鶏と卵〟の問題に似ていますが、考えがまとまらないから書けないのではなく、書かないから考えがまとまらず、堂々巡りをしてしまうんです。

こんな負のスパイラルを断ち切るのが、Siriを使った音声入力によるドラフト文章作成です。不完全でも文章が目の前にあれば、それを加筆・修正する行動中に考えがまとまりだし、文章を書く勢いが出てくるのです。「書きながら考えよう」の最新スタイルですね。

日本人研究者は逆境を生きることを運命づけられている

――本書では、ネガティブな感情を成功の原動力にすることを提案していますが、そもそも研究者はネガティブな感情を抱えやすい職業でしょうか？

研究者は「逆境を生きることを運命づけられている」職業だと思います。逆境とは大げさに聞こえるかもしれませんが、「私の研究分野は世間から十分認知されていないので、少しでも研究の重要性と楽しさをみんなに知ってほしい」という大義名分を調達するために、研究者はみずから進んでニッチに行きます。最初は建て前のつもりが、そのうち自己欺瞞に陥って、本当にその大義名分を信じ込んでしまう。自分の研究分野は常に世間や政府から過小評価されたマイノリティーで、この逆境を少しでも改善するために戦っています、という姿勢を研究者は取らざるをえなくなる。○○の大切さと楽しさを少しでも多くの人に知ってもらいたいとつい口走ってしまう。

特に日本のような非英語圏で研究していると、Cell, Nature, Science をはじめとするトップジャーナルの編集部があるケンブリッジ、ロンドン、ニューヨークなど世界の中心から離れたところにいるというマイノリティー意識があって、言葉や地理上のハンディキャップを背負っているという劣等感やネガティブな感情を常に持ってしまう。

ただ、本書で触れたイチローの話については、正直言ってあれほど世界的に成功しているアスリートが、今でもネガティブな感情にドライブされていることに驚きました。イチローは本当に本書で書いたようなことを思っているのか、それとも自分のストーリーとして演出しているのかは分からないですけど、おそらく半分は本気だと思うんですね。ネガティブな感情を皆持っていて、それをバネにして努力していると思うんです。

PI原理主義は仕事を進める原動力にもなりうる

――本書ではご自身がPI原理主義に染まっていた時期があったことが書かれていますが、こちらについてもう少し詳しく聞いてみたいです。

30代の頃は独立を目指さない人を非常に歯がゆく思い、そういう人にはなりたくないなと思っていました。

しかし年齢を重ねるうちにその思いは解消していき、今はむしろ本書で触れた「2-6-2の法則」のように、自分とは違う人の価値観を尊重する余裕が出てきました。他人は自分ほどPIになることに執着してるわけじゃないし、その人なりのもっと切実な問題があると考えられるようになったんですね。また誰にだってやる気を出さない自由もあるので、そこを認めてチームで働くためには、もうちょっと広い視野で考えないといけないと分かってきました。

ただ若いころに「絶対独立しないと研究者として意味がない」という想いに偏ることが一概に悪いとは言えないですね。偏っているがゆえに仕事にひたすら集中する時期はあっても良いと思います。それくらい気持ちを高めないと乗り切れない逆境も人生にはあると思います。

フォロワーという役割にも気づいてもらいたかった

——本書ではあえてフォロワーの役割の重要さに触れています。この章に込めた想いを聞かせてもらえますか?

この章は迷いながら書きました。PIを目指して努力してきた人でも、PIとして仕事をする機会を与えられない人は結構います。PIになりたいのになれない人達に向かって「PIでなく生きることに折り合いをつけましょう、Co-PIというクリエイティブな名誉ある生き方もありますよ」と提案するのは大きなお世話じゃないかなと思いました。人それぞれが直面している現実は違うから、「その現実は必ずしもベストな状態じゃないので、こういうふうにして折り合いをつけましょう」という提案が、果たしてどれくらい受け入れられるのだろうかという迷いがありました。

ですから、この章ではいろいろな立場の人が仕事の仕方のヒントを見つけられるように書いたつもりです。フォロワーに相当する人が読んでCo-PI的な生き方に意味を見出し、普段はあんまり認識されていないようなキャリアパスが見えてくる場合もあれば、PIやリーダーの役割の人が読んだときにチームワークの大切さを認識するきっかけになることもあるでしょう。

学生へのメッセージの伝え方

——本書ではPIやリーダーに向けたメッセージも散りばめられていますよね。そのような方々が学生とのコミュニケーションで気をつけることといったら何でしょうか?

私は大学生のときに奈良の「たんぽぽの家」というところでボランティア活動のリー

ダーをしていました。そこの理事長からリーダーの姿勢として、「糞はたれても、説教はたれるな」と教えられました。このメッセージの意味が最近になって分かるようになってきました。年を取ってくれば自分より若い人に対して何かと説教したくなるものだけれど、説教は実は自分の憂さを晴らしているにすぎない非生産的な行為なのだと。

だから私は若い人に向けて話をするときはできるだけ説教にならないように注意しています。本書は形としては若い人へのメッセージに見えるかもしれませんが、私自身と同年代か、それより上の人に対して語りかけている部分も大きいです。

つまり、若い人の悩みに答えているように見えるけれど、実は若い人にこういうふうに悩みを相談されたときに、指導者層はどういうふうに振る舞うべきかについて書いています。若い人に何か伝えようと思ったら、結局は自分の行動で示すことしかないと思っています。

「メンターと学生」とか、「親と子供」という生身の人間関係では、何を語ったかではなくて、何を語らなかったかが実は大切です。いま指導者層にいる人の多くは、自分の努力の結果として、そのポジションに登ってきたと思っているかもしれませんが、「カーネマンの公式」によれば「運×周りの力×時代の力」が大きく作用してたまたま指導者のポジションについているだけだと謙虚に理解すべきです。だから、偉そうに説教をすべきではないんです。

私も学生に説教をすることはありますが、それはロールプレーとしてやっています。本当に何かを伝えたいなら行動で示すしかない。例えば「最近の若い人にはチャレンジ精神がない」と非難している指導者層はいますが、その人たちに特に問いたい、「自分は果たしてどういうチャレンジを今しているのか」と。本書でも書いたとおり、40代以上の指導者層だって新しいことをはじめられる。だから、自分自身が挑戦者でありつづけている人でなければ、若者にこの手の説教をするのはおかしいと思っています。

朝4時から実験するPI

――本書では新しいことをはじめるときに、コラボレーターと一緒に行うことを勧めていますが、そのメリットを自身で体感したエピソードはありますか?

私の場合だと、ポスドクのときは構造生物学的アプローチを使ってインテグリンを研究していました。しかし、PIとして独立するときにはトピックは同じインテグリンでしたがまったく違うアプローチとなるマウスジェネティクスを使うことに決めました。当時は、コンディショナルノックアウトとかノックインを作るっていうのはかなり特殊で高等な技術だったので、経験がなければソロではできなかったですね。でも、ポスドクのときと同じようなことをやってるだけだとグラントは取れないので、人を頼って技術を習いに行ったわけです。

だからPIになって一番最初にしたことは、みずから新しい技術を習ったことなんです。当時、コンディショナルノックアウトやノックインの技術では世界最高レベルのKlaus Rajewsky博士が同じビル内にいたので、Rajewskyラボにいた佐々木さんという人を頼りに、その技術を習いに行きました。とても忙しいラボなので、ラボメンバーがいる時間にはクリーンベンチなど機器が空いてる時間がないので、他のメンバーが働いていない朝4時ぐらいに起きて、朝8時ぐらいまで使わせてもらって技術を身につけました。

この本は、PIになってある時期から実験をしなくなったことを書いていますが、一番最後に自分でした実験が、新しい技術をとにかく習いに行ったときのものでした。コラボレーターが持ってる技術やノウハウと、試薬などのリソースを共同研究で使うことができたので、半年ぐらいで今までやったことがなかったタイプの研究ができるようになり、その予備実験データのおかげでグラントも取れるようになりました。

プロセスから得られるもの・伝えられるもの

——今回の本は悩み解決の本ですが、ご自身もいろいろなことに悩まれていることが印象的でした。

人の悩みに真摯に対応しようと思ったら、先ほども言ったように結局は大切なのは何を言ったかよりも、何を言わなかったかなんです。口先で何を言っても、人の心の奥深くまでは通じないわけです。言葉にできないことや、あえて言葉にしないことで間接的にメッセージを発して、相手の内発性の起動に期待することでしか、深くまで届けることはできないんです。

そもそも正解がないんですから、顧客が欲しがるような商品（プロダクト）としての正解を示すことは原理的にできません。できることはプロダクトにつながる希望のあるプロセスを示すことだけです。プロセスを示す効果的な方法が自分の経験した問題を相談者にさらけ出すことです。

今回の本に書いていないことも含め、自分から挑戦して問題にぶち当たる経験を多くしてきました。多くの問題に出逢えば必然的に経験値は上昇します。でも、問題が多いと心が憂鬱になるかもしれない。それでも私は何もないよりも、何かあった方が良いと思うのです。人類には新しいことをはじめたくなるネオフィリアという習性が備わっています。まったく何もない退屈には耐えられないので、何もないくらいだったら問題がおこった方がいいと思ってしまう。良いことがあるのに越したことはないけども、あまり良いことがあると、次に悪いことがおこるんじゃないかと不安になるから、どんどん悪いことがおこる方が気は楽ですね。たとえ失敗したとしても、そのプロセスから得られるものに価値があるので、新しいことに挑みたい。

経験を積めば、新しい考え方に辿り着くこともある

――最後に伺いますが、本書で書かれていることの中には、2009年の「やるべきことが見えてくる研究者の仕事術」から意見が180度変わったところがありますよね。

スタインベックの「エデンの東」の一節の解釈が180度変わりました。

いまの世の中から無謀な企てが消え失せたのは、たぶん、ひとがもう自分を信じなくなったからだ。自分への信頼がなくなれば、あとにはなにも残らない。誰か

強い信念の人を見つけ、その信念が誤りかどうかには目をつぶって、その人の上着にしがみつくしかない。〔「エデンの東」（早川書房）より引用〕

7年前は「信念が誤りかどうかには目をつぶって、他人の上着にしがみつく」ことを主体性の放棄で、ダメなことだととらえました。しかし、「信念が誤りかどうか」は事後的にしか判断できないことばかりの世界では、とりあえず行動しながら考えることが大切です。自分一人で考えて、途方に暮れて動けなくなってしまうなら、他人（＝コラボレーター）の上着にしがみついて、動くことをやめない方が良い結果を生むと今は考えるようになりました。

しかしT・S・エリオットの詩集「荒地」からの言葉に対する気持ちは変わっていません。

われわれは探求をやめない
そして探求の果てに
出発した場所に戻り

初めてその場所を理解するのだ。〔『荒地』(岩波書店)より引用〕

「探求の果てに覚悟が決まる」という体験を何度かしてきました。結局いろいろ悩んでも、悩んだ末に元のところに戻ってくるっていう体験が多くの人にあると思います。どこか遠くに行くためにいろいろなことをやってきたが、結局は出発点に戻ってきたからといって、その回り道に意味がなかったとは考えない。その回り道は不可避だったのです。

◆　◆　◆

こうして皇居外苑をぐるっと一周のウォーキングを終えた。五感で感じながら考え、人に話すことで、本書で書いたことを整理することができた。

最後に悩めるあなたに再び伝えたいと思う。

「行動しながら考えよう」

著者プロフィール

島岡　要（しまおか もとむ）

1964年奈良県生まれ。1989年（24歳）大阪大学医学部を卒業後、日本で医師として約10年大阪大学医学部附属病院等の集中治療部、手術室で勤務する。その後医師・国家公務員としての安定した職を捨て1998年（34歳）渡米。ボストンのハーバード大学医学部でポスドクから叩き上げで理系研究者として自分を鍛える。2003年（39歳）よりPI(助教授・准教授)としてハーバード大学医学部で研究室を運営し、米国政府のグラント審査委員もつとめる。2008年（44歳）ハーバードビジネススクールのパートナーとバイオベンチャーLeuko Bioscienceを起業するがリーマンショックの余波で頓挫する。しかし失敗しても命まで取られないこと学ぶ。2011年（47歳）より三重大学大学院医学系研究科・分子病態学教授/災害救急医療・高度教育研究センター長/バイオエンジニアリング国際教育研究センター代表。専門は細胞接着、免疫疾患と血液腫瘍の治療に向けた革新的バイオテクノロジーの開発。座右の銘はチャーチルの「成功とは、失敗から失敗へと情熱を失わずに進む能力である（Success is the ability to go from one failure to another with no loss of enthusiasm.）」。

行動《こうどう》しながら考《かんが》えよう　研究者《けんきゅうしゃ》の問題解決術《もんだいかいけつじゅつ》

2017年4月5日　第1刷発行

著　者　島岡《しまおか》　要《もとむ》
発行人　一戸裕子
発行所　株式会社　羊　土　社
〒101-0052　東京都千代田区
神田小川町2-5-1
TEL　03（5282）1211
FAX　03（5282）1212
E-mail　eigyo@yodosha.co.jp
URL　www.yodosha.co.jp/

ISBN978-4-7581-2078-4

装　幀　小口翔平＋上坊菜々子（tobufune）
カバーイラスト　どいせな
印刷所　株式会社 平河工業社